Manual de Energías Renovables

Fundamentos, tipos, usos, infografías y ejercicios

"El futuro energético para un planeta saludable"

Ing. Miguel D'Addario

Energías Renovables Ing. *Miguel D'Addario*

ISBN: 9781693759451

Primera edición

Comunidad Europea

2019

Energías Renovables Ing. *Miguel D'Addario*

Índice

Introducción *11*
   Energía
   Unidades. Formas de energía 13
   Transformaciones energéticas
   Conversión de energía 20
   Consecuencias de la conversión de la energía
   Tipos de rendimiento energético
   Potencia nominal de una máquina o instalación 21
   Fuentes de energía. Clasificación
   Fuentes de energía no renovables 22
   Combustibles fósiles. Carbón
   Petróleo. Gas natural 23
   Esquistos bituminosos y arenas asfálticas
   Energía nuclear. Fusión nuclear 25
   Fuentes de energía renovables
   Energía solar 27
   Sistemas de captación de la energía solar
   Tipos de sistemas de captación 28
   Sistemas activos
   Conversión térmica a temperaturas medias 31
   Conversión térmica a altas temperaturas
   Sistemas fotovoltaicos 34
   Aplicaciones de las instalaciones fotovoltaicas
   Sistemas pasivos. Energía eólica 37
   La potencia del viento depende
   Máquinas eólicas 39
   Características de una máquina eólica
   Elementos de una máquina eólica 40
   Soportes. Torres tubulares
   Sistema de captación: El rotor 41
   Características generales del rotor
   Sistemas de orientación 44
   Sistemas de regulación
   Tipos: Según su forma de actuación 46
   Sistemas de transmisión
   Sistemas de generación 47
   Biomasa. Residuos
   Residuos sólidos urbanos (RSU) 50
   Aguas residuales
   Tratamiento de depuración 51
   Cultivos energéticos
   Tipos de cultivos energéticos 52

Energías Renovables Ing. Miguel D'Addario

    Procesos de transformación de la biomasa en energía.
    Energía geotérmica 53
    Tipos de sistemas hidrotérmicos
    Sistema de roca seca caliente 56
    Explotación de yacimientos geotérmicos
    Campos de utilización de la energía geotérmica 57
    Uso de yacimientos a alta temperatura (1-2 MW)
    Uso de yacimientos de baja temperatura (hasta 100ºC)
    Componentes de la instalación 58
    Energía hidráulica. Tipos de caídas
    Conducciones de agua. Diques (embalses) 60
    Diseño de la presa. Tipos de diques
    Sistemas captadores de la energía hidráulica 63
    Ruedas hidráulicas. Turbinas hidráulicas
    Utilización de la energía hidráulica 67
    Energía del mar
    Las fuentes de energía de origen marino 68
    Energía mareomotriz. Centrales mareomotrices

Ejercicio 1 - *72*

Ejercicio 2 - *75*

Energías no renovables *78*
    Combustibles fósiles: Carbón
    Producción de electricidad: Centrales térmicas 80
    Carbón y medio ambiente
    Combustibles fósiles: Petróleo 82
    Origen del petróleo. Destilación fraccionada
    Petróleo y medio ambiente 86
    Combustibles fósiles: Gas natural
    Gas natural húmedo y seco 87
    Gas natural y medio ambiente. Energía nuclear
    Reacciones nucleares de fisión 91
    Componentes de una central nuclear de fisión
    Tipos de centrales nucleares: PWR y BWR 93
    Energía nuclear y medio ambiente
    Centrales nucleares en España 96
    Reacciones nucleares de fusión
    Producción de energía en España (2013) - 98

Ejercicio 3 - *100*

Ejercicio 4 - *103*

Energías Renovables Ing. *Miguel D'Addario*

Ejercicio 5 - *107*

Energías renovables *112*
    Energía hidráulica
    Componentes de un centro hidroeléctrico 114
    Las presas pueden ser de dos tipos
    Potencia y energía. Rendimiento 116
    Tipos de centrales. Impacto ambiental
    Energía solar. Rendimiento 119
    Tipos de energía solar
    Energía solar térmica de baja temperatura 121
    Energía solar térmica de alta temperatura
    Horno solar 122
    Energía solar termoeléctrica de media o alta Temperatura. Campo de heliostatos
    Colectores cilindro-parabólicos
    Energía solar eléctrica 125
    Placas fotovoltaicas. Energía eólica
    Potencia y energía. Rendimiento 129
    Energía de la Biomasa
    Proceso de transformación de la biomasa seca 131
    Procesos termoquímicos. Gasificación
    Proceso de transformación de la biomasa húmeda. Procesos bioquímicos 132
    Impacto ambiental. Energía geotérmica
    Tipos de energía geotérmica 133
    Producción de energía eléctrica
    Impacto ambiental. Energía mareomotriz 135
    Residuos sólidos urbanos

Ejercicio 6 - *137*

Ejercicio 7 - *142*

Energía en el medio ambiente - *145*
    Generación, transporte y distribución de electricidad
    Esquema de instalación eléctrica 147
    Cogeneración. Central de ciclo combinado

Formas de la energía - *153*
    Energía
    Existen otras unidades de energía 155
    Trabajo. Potencia. Formas de Energía

Entre las distintas formas de energía están 157
Expresiones para la energía eléctrica
Principios de conservación de la energía 161

Fuentes de energía 163
Las fuentes de energía se dividen en dos grupos.
Combustibles fósiles. El carbón
Ventajas y desventajas del uso del carbón 167
Aplicaciones. El petróleo. Yacimientos
Transporte. Refino del petróleo 169
Ventajas y desventajas del uso del petróleo
Combustibles gaseosos. Gas natural 172
Impacto ambiental del uso de los combustibles fósiles

Energía eléctrica 177
La electricidad. Producción de electricidad
Centrales eléctricas 179

Energía solar 182
Utilización pasiva de la energía solar
Utilización activa de la energía solar 184
Conversión fotovoltaica. Aplicaciones
Ventajas e inconvenientes 195
Tipos de energía solar fotovoltaica
Instalaciones fotovoltaicas de conexión a red 197
Instalaciones fotovoltaicas aisladas de red
Bombeo solar 199
Componentes de un sistema de bombeo solar
Cálculos 201
Ventajas de un sistema de bombeo de agua con energía solar
Expresiones matemáticas necesarias para las aplicaciones prácticas 204

Energía eólica 206
Aerogeneradores: Funcionamiento, partes y tipos. Tipos
Hay diferentes aerogeneradores 214
Diseño de las instalaciones
Razones para elegir grandes turbinas 219
Razones para elegir turbinas más pequeñas
Aplicaciones 221
Ventajas e inconvenientes

Energías Renovables Ing. *Miguel D'Addario*

Energía geotérmica 223
    Yacimiento geotérmico 224
    Explotación y utilización de yacimientos geotérmicos
    Ventajas e inconvenientes 230

Energía de la biomasa 232
    Fuentes de biomasa
    Tratamiento de la biomasa 234
    Mención aparte 237

Energía hidráulica 239
    Emplazamiento de sistemas hidráulicos
    Principios de funcionamiento 241
    Constitución de una central eléctrica
    Los elementos básicos de una turbina 244
    Tipos de turbinas: Pelton, Francis, y Kaplan.
    Clasificación 248
    Las presas pueden ser de diferente tipo
    Potencia de una central hidroeléctrica 252
    Ventajas e inconvenientes

Energía mareomotriz 254
    Energía de las olas – undimotriz 256
    Diferencias entre energía mareomotriz y energía Undimotriz 257
    Océanos
    Las formas de aprovechamiento 261
    Mareas. Las mareas dependen
    Centrales mareomotrices 263
    Características. Funcionamiento
    Ventajas e inconvenientes 265
    Energía maremotérmica
    Los componentes principales de una planta maremotérmica 266
    Ventajas e inconvenientes
    Energía de las olas (Undimotriz) 267
    Ventajas e inconvenientes

Energía nuclear 271
    Componentes de una central nuclear
    Partes principales de un reactor 274
    En resumen. Ventajas e Inconvenientes 277
    Energía nuclear y Medio Ambiente
    Funcionamiento de una central nuclear 279

Energías Renovables Ing. *Miguel D'Addario*

Lluvia ácida 281
    Cuantificación de las emisiones
    La acidificación y sus causas 284
    Azufre como contaminante
    Nitrógeno como contaminante 286
    Efecto de la acidificación sobre el medio ambiente.
    Acidificación de suelos 289
    Efecto de la acidificación sobre los bosques
    Incidencia de los deterioros sobre los bosques
    Efectos sobre la fauna y la flora 293
    Efectos sobre las aguas subterráneas
    Efectos sobre la salud humana 296
    Con respecto a los metales tenemos
    Corrosión provocada por la contaminación atmosférica
    Medidas para mitigar dicho fenómeno 298

Ejercicio 8 - *302*

Cuestionario *303*

Glosario de términos *307*

Bibliografía *325*

Introducción

Energía

En el ámbito de la física y la tecnología se suele definir la energía como la capacidad para producir un efecto útil llamado trabajo. Energía es por tanto todo aquello capaz de producir un trabajo. El trabajo y la energía son dos conceptos que se encuentran íntimamente relacionados.

Así, la energía puede producir un trabajo, y realizando un trabajo se puede acumular energía.

Por ejemplo: una masa de agua en movimiento (energía cinética) se puede transformar en un efecto útil (trabajo) en forma de movimiento de los álabes de una turbina. Y si desplazamos un objeto hasta una cierta altura (realizamos un trabajo) aumentamos la energía potencial que almacena.

El trabajo viene determinado por la expresión:

$$W = F \times d$$

1 julio (J) = 1 newton (N) x 1 metro (m)

Y si la fuerza y la dirección de desplazamiento del cuerpo forman un ángulo α, entonces tenemos:

Energías Renovables Ing. *Miguel D'Addario*

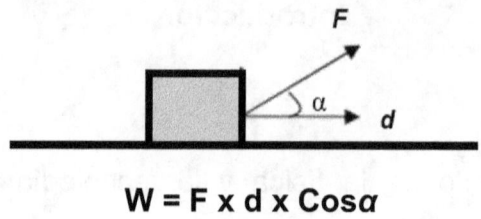

$$W = F \times d \times \cos\alpha$$

Las unidades en el Sistema Internacional de Unidades (S.I.) son:

W= trabajo en julios (J)

F= fuerza en newton (N)

d= desplazamiento en metros (m)

La potencia se define como el trabajo realizado por unidad de tiempo. Nos indica, por tanto, la rapidez con la que se realiza un trabajo. Su unidad en el S.I. es el watio (W).

Su expresión matemática es:

$$P = W / t$$

W = trabajo realizado en julios (J)

t = tiempo en segundos (s)

P = potencia en vatios (W)

Esto supone que conocida la potencia desarrollada por una máquina (por ejemplo un electrodoméstico) y el tiempo que ha estado funcionando, podemos determinar el trabajo realizado (y la energía consumida por el electrodoméstico):

$$W = P \cdot t$$

Si la potencia se expresa en kW y el tiempo en horas, el trabajo se obtiene en kWh.

Ésta unidad se usa frecuentemente en electricidad.

Unidades

Además de las unidades del S.I. anteriormente expuestas, otras de uso común para la energía y la potencia son las siguientes:

ENERGÍA		
Unidad	Símbolo	Equivalencia en julios (J)
Kilowatio-hora	kWh	3.600.000
Caloría	cal.	4,18

POTENCIA		
Unidad	Símbolo	Equivalencia en vatios (W)
Caballo de vapor	CV	735

Otras magnitudes (y sus unidades en el S.I.) son:

Magnitud	Símbolo	Unidad	Símbolo
Fuerza	F	newton	N
Distancia	d	metro	M
Tiempo	t	segundo	s
Masa	M	kilogramos	kg
Temperatura	T	Kelvin	K
Voltaje o tensión eléctrica	V	Voltios	V
Intensidad de corriente	I	Amperios	A
Resistencia eléctrica	R	Ohmios	Ω

Formas de energía

La energía se puede manifestar de diferentes formas. Son seis:

1. Energía mecánica. Es la que posee un cuerpo debido a su velocidad (cinética), su posición (potencial gravitatorio) o su estado de tensión o deformación (potencial elástico).

a. Energía cinética.

b. Energía potencial gravitatoria

c. Energía potencial elástica

La energía mecánica de un objeto siempre será la suma de la energía cinética más la potencial. Esto es:

Emecánica = Ec + Ep

2. Energía térmica. Se debe a la agitación de las moléculas que componen un cuerpo. El calor es una energía de tránsito, los cuerpos ceden o absorben calor. La cantidad de calor que cede o recibe un cuerpo está relacionada con la diferencia de temperatura que experimenta (ΔT), y puede calcularse mediante la expresión:

$$Q = m \cdot c_e \cdot \Delta T = m \cdot c_e \cdot (T_{final} - T_{inicial})$$

m = masa, en g
ce = calor específico, en cal/g · °C
T = temperatura, en °C
Q = calor, en calorías

El calor de un cuerpo a otro se puede transmitir, además, por diferentes mecanismos:

-Conducción. Transmisión de (calor) sin transporte de materia. Es característico de cuerpos sólidos, por ejemplo: dos metales en contacto a diferente temperatura.

-Convección. Transporte de energía calorífica con transporte de materia. Característico de cuerpos en estado líquido o gaseoso.

Ejemplo: calor de un radiador que asciende hacia el techo transportado por la masa de aire caliente.

-Radiación. Transmisión de calor que puede realizarse tanto en presencia de materia como en su ausencia (vacío). Se transmite por ondas electromagnéticas. Ejemplo: el sol, o el calor que irradia un cuerpo caliente a una cierta distancia.

3. Energía eléctrica. Es la que posee una corriente eléctrica. Se determina
mediante la siguiente expresión:

$$E_e = P \cdot t = V \cdot I \cdot t$$

P= potencia, en W

V= voltaje, en V

I = intensidad, en A

t = tiempo, eh segundos.

Ee = energía, en J

4. Energía química. Se origina cuando reaccionan dos o más productos químicos para dar lugar a otro distinto. La energía contenida en los combustibles es de este tipo, y se libera cuando estos combustibles reaccionan con el oxígeno del aire.

$$E_q = P_c \cdot m \text{ (para sólidos y líquidos)}$$
$$E_q = P_c \cdot V \text{ (para gases)}$$

5. Energía nuclear. Es la energía que se libera al romperse (fisión nuclear) o unirse (fusión nuclear) los núcleos de determinados átomos. En estos procesos una cierta cantidad de materia se transforma en energía siguiendo la conocida expresión:

$$E = m \cdot c^2$$

E = Energía calorífica, en julios
m = Masa que desaparece, en kg.
c = Velocidad de la luz, ($3 \cdot 10^8$ m/s)

6. Energía radiante o electromagnética. Es la energía que se transporta en forma de ondas electromagnéticas. Ejemplos: luz visible (energía luminosa), rayos infrarrojos, ondas de radio, radiación ultravioleta, etc. El Sol es la principal fuente de energía de este tipo.

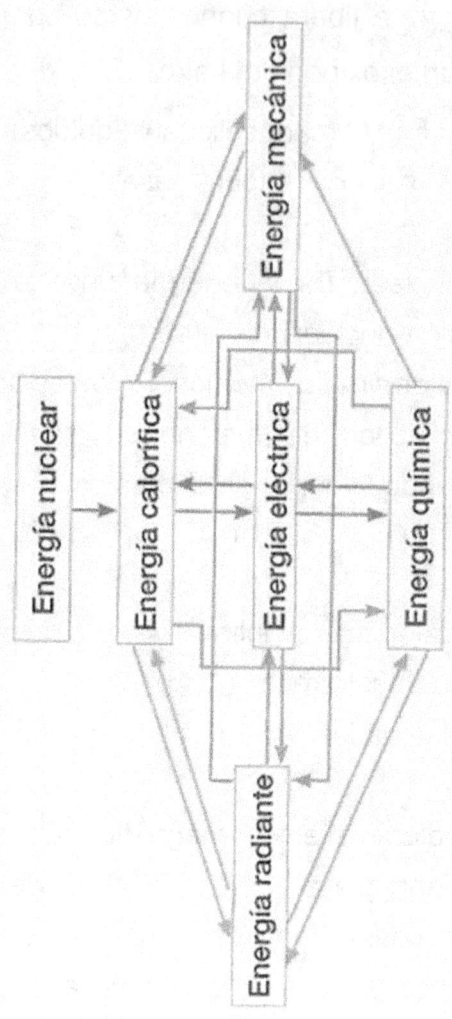

Transformaciones energéticas

El principio de conservación de la energía nos dice que ésta ni se crea ni se destruye, simplemente se transforma (aquí cabría hacer la excepción de los procesos nucleares). Por tanto, las diferentes formas o tipos de energía pueden transformarse en otras.

Sin embargo, aunque la energía no se destruye, si es importante destacar que pierde calidad a medida que se producen transformaciones. Esto significa que el trabajo que se puede obtener de esa cantidad de energía inicial disminuye a medida que se producen transformaciones sucesivas.

Esto es así porque en cada transformación se producen pérdidas energéticas (en forma de calor). Aparece entonces un nuevo concepto: el rendimiento. Se define como la relación entre la energía utilizado y el trabajo obtenido, y nos mide la calidad de la transformación energética.

Su expresión matemática es:

η = Trabajo realizado / Energía utilizada

Normalmente se expresa en tanto por ciento (%). Quedando la expresión:

η = Trabajo realizado / Energía utilizada x 100

Conversión de energía

Los Principios de la Termodinámica son:

1º principio: "La energía no se puede crear ni destruir, solo se puede transformar de una de sus formas a otra".

2º principio: "La energía se degrada continuamente hacia una forma de energiza de baja calidad, que es la energía térmica".

Consecuencias de la conversión de la energía

Toda la energía no puede ser reciclada.

La energía utilizada en cada una de sus formas siempre acaba disipándose en forma de energía térmica degradada.

Para evitar esto hay que tener en cuenta el rendimiento energético. El rendimiento energético es una medida que indica la bondad de un sistema respecto a un sistema ideal.

Tipos de rendimiento energético

-Rendimiento del dispositivo: motor, caldera, etc.

-Rendimiento del sistema: Es el rendimiento de la tarea. Ej.: La calefacción del hogar según sea por caldera o solar.

-Rendimiento económico.

-Rendimiento solar: Ej.: El uso del coche o autobús público.

Potencia nominal de una máquina o instalación

La potencia nominal es la máxima potencia útil que puede suministrar o absorber un sistema.

En las máquinas que consumen cualquier forma de energía (no eléctrica): La potencia nominal es la potencia útil.

Ej.: Potencia de la central = 1200 Mw.
Rendimiento de la central= 80%.

Fuentes de energía

El consumo de recursos energéticos en el mundo es de 6 kW/hab en los países industrializados y 0,5 kW/hab en el resto del mundo.

Clasificación

La primera clasificación es:

-No renovables: Llegará un día que estos recursos se agoten.

-Renovables: Cantidad ilimitada de recursos.

Fuentes de energía no renovables

Tipos

- Convencionales
- Combustibles fósiles
- Carbón
- Petróleo
- Gas natural
- Combustibles nucleares
- No convencionales
- Pizarras bituminosas
- Arenas asfálticas

Combustibles fósiles

El origen de los combustibles fósiles es la descomposición de materiales biológicos formados hace 100 millones de años, estando su energía contenida en enlaces químicos.

Los combustibles fósiles se queman en centrales convencionales para producir electricidad, en calderas para calefacción, del petróleo se obtiene la gasolina.

Carbón

Es el más abundante.

66% se produce en EE.UU., Rusia y China.

En 1960 el carbón cubría el 60% de la energía, hoy en día solo es el 30%.

Producción: 4000 millones Tm/año

Problemas:

Es difícil de explotar y transportar.

La combustión produce gases contaminantes.

Petróleo

Es el combustible fósil más útil por su facilidad para transportar (oleoductos, barcos petroleros)

El 50% de las reservas están en Oriente Medio.

Gas natural

Es limpio y con muchas aplicaciones.

Existen muchas reservas de gas.

En el futuro hay que:

Resolver sus problemas de uso y transporte.

Resolver las políticas de exportación de los países productores.

El transporte del gas se hace por:

Por gaseoductos y también se consume en el país de origen o cerca de él.

Hay que transportar a grandes distancias a precios rentables, ya que ahora se hace una licuación del gas de origen, se transporta en barco metanero y se recupera posteriormente, operaciones que suponen una gran inversión.

Tipos de gas natural:

Gas asociado con petróleo.

No asociado (en bolsas independientes)

Constituyentes del gas: metano, etano, butano y propano,

Antes se quemaba in situ.

-Productores mundiales: Rusia, Norteamérica y Europa.

Esquistos bituminosos y arenas asfálticas

Contienen petróleo.

-Extracción de los esquistos: Se tritura la roca y luego se quema. Son ricas en querógeno, precursor del petróleo.

Los yacimientos más importantes se encuentran en Venezuela.

-Arenas asfálticas: Es un tipo de petróleo pesado, muy viscoso y denso.

Está en yacimientos de crudo almacenado en zonas porosas (arenas).

-Yacimientos: Canadá y Venezuela.

Energía nuclear

Los núcleos de los átomos muy pesados son series radioactivas naturales, por lo que estos núcleos se transforman espontáneamente en otros.

Las cantidades de energía que pueden obtenerse mediante procesos nucleares superan con mucho a las que pueden lograrse con procesos químicos.

Tipos:
- Fusión nuclear.
- Fisión nuclear.

Es una reacción por la cual ciertos núcleos de elementos químicos pesados se escinden o fisionan por el impacto de un neutrón, emitiendo neutrones y liberando gran cantidad de energía en forma de calor. Los neutrones resultantes pueden provocar, en determinadas condiciones, nuevas reacciones de fisión, produciéndose una reacción nuclear en cadena.

-Reactores nucleares: Son máquinas que permiten iniciar, mantener y controlar una reacción en cadena de fisión nuclear. Tiene tres componentes:

-El combustible: Se almacena en el núcleo del reactor, debe ser fisionable y, en ausencia de neutrones, estable. Ej.: U-235.

-El moderador: Los neutrones emitidos en el proceso de fusión tiene una gran energía cinética; para asegurarse que dichos neutrones impacten en nuevos núcleos de uranio, es preciso moderar su velocidad. Ej.: agua pesada, grafito, etc.

-El refrigerante: Para extraer el calor del núcleo del reactor y transportarlo al grupo turbina-generador, se utiliza un líquido refrigerante. Ej.: agua ligera.

Fusión nuclear

Es la reacción en la que dos núcleos ligeros se unen para formar un núcleo más pesado y estable, con gran desprendimiento de energía.

Se necesita la aplicación de energía cinética para vencer las fuerzas electrostáticas de repulsión; esta energía se puede aplicar como energía térmica o mediante un acelerador de partículas.

Los reactores de fusión están en fase experimental, deben:

-Calentar: A muy alta temperatura (10^4°C) para conseguir la materia en estado plasma en donde los electrones salgan de sus órbitas y donde los núcleos puedan ser controlados por un campo magnético.

-Confinar: Para mantener la materia en estado de plasma encerrada en la cavidad del reactor el tiempo suficiente para que pueda reaccionar.

Fuentes de energía renovables
Tipos:
Energía solar
-Energía eólica: contenida en el viento.
-Biomasa: contenida en los diferentes residuos urbanos que los seres vivos generan.
-Energía geotérmica: contenida en el interior de la Tierra.
-Energía del mar.

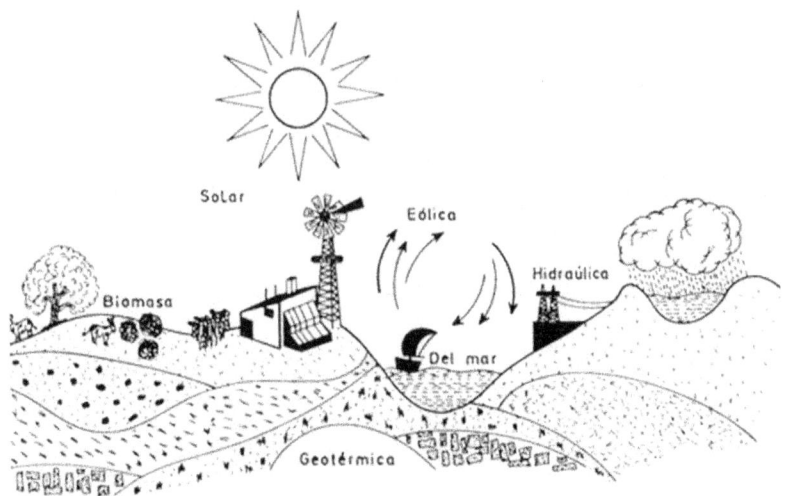

Energías renovables.

La radiación solar del sol se descompone en:

-Radiación directa: Enfocable ópticamente.

-Radiación dispersa: Dispersa por la atmósfera.

-Albedo: Dispersada por el suelo.

La radiación que llega al suelo es de 900W/m^2 (2000 veces el consumo de energía solar).

Hay que crear mapas solares con los instrumentos adecuados.

La distribución de la energía solar depende de: la hora del día, longitud del lugar, orientación superficie receptora y el clima.

Sistemas de captación de la energía solar

Debido a las características de energía solar de:

-Dispersión (baja densidad): Es necesario grandes superficies de captación y un sistema de concentración de rayos solares.

-Intermitencia: Es necesario un sistema de almacenamiento.

Tipos de sistemas de captación

- Activos.
- Pasivos.

Sistemas activos

La captación se hace por medio de un colector.

Energías Renovables Ing. *Miguel D'Addario*

-Conversión térmica a baja temperatura.

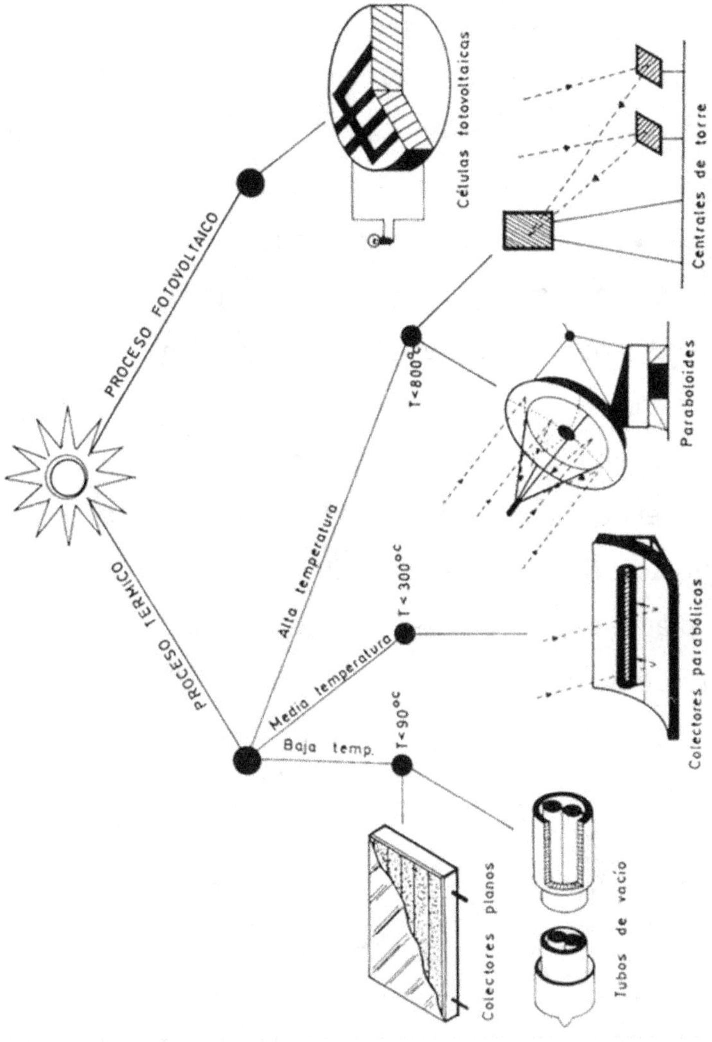

Energías Renovables Ing. *Miguel D'Addario*

Es el calentamiento de agua a una temperatura por debajo de la temperatura de ebullición. El sistema solar activo a baja temperatura está compuesto de:

-Subsistema colector: Capta la energía solar a través de captadores, placas solares, etc.

-Subsistema de almacenamiento: Depósitos de dimensiones adecuadas. Almacenan agua que viene de los paneles para su uso posterior.

-Subsistema de distribución: Transporta agua caliente. Formado por redes de tuberías, válvulas, bombas y accesorios.

-Subsistema colector: El panel solar

El panel capta la energía y la transfiere a un fluido en contacto directo con el dispositivo calentador.

La placa captadora está formada por un material metálico de color negro.

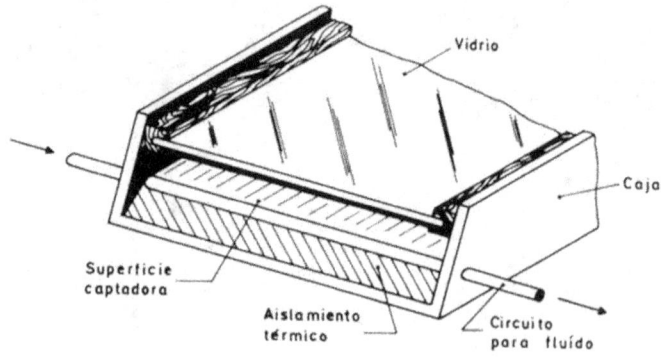

Sección de un panel plano.

Energías Renovables Ing. *Miguel D'Addario*

La orientación de la placa debe ser hacia el sur solar.

El circuito por donde circula el fluido puede ser:

-Pasivo: Circulación natural por efecto termosifón.

-Activo: Circulación forzada por bombeo.

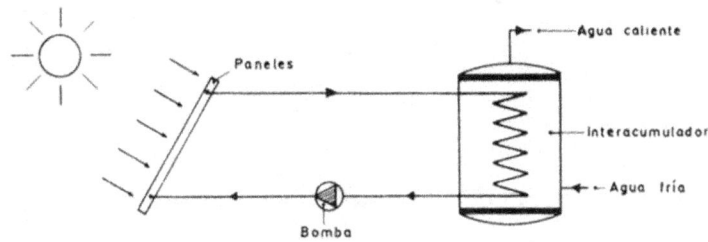

Conversión térmica a temperaturas medias

Para temperaturas superiores a 100°C hay que usar concentradores solares.

Tipos:

-Por reflexión: Son los más usados y los más baratos.

-Lente: Por refracción.

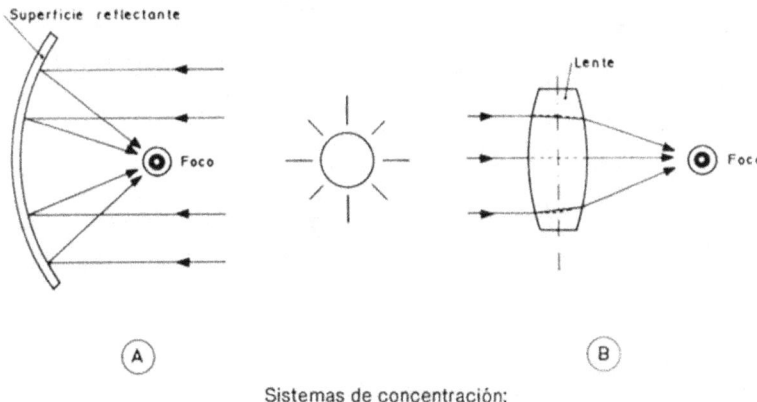

Sistemas de concentración:
a) Por reflexión.   b) Por refracción.

Un ejemplo es el colector cilindro parabólico:

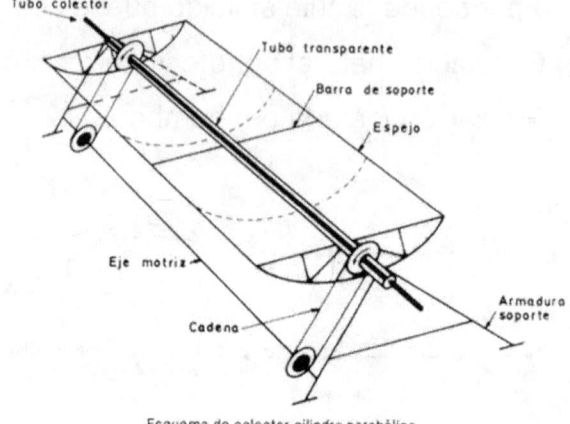

Esquema de colector cilindro-parabólico.

El tubo transparente es de vidrio y gira. Dentro de él está el absorbedor y el fluido caloportador.

Conversión térmica a altas temperaturas
Para temperaturas mayores de 300°C.
Tipos de colectores:
-Paraboloides.

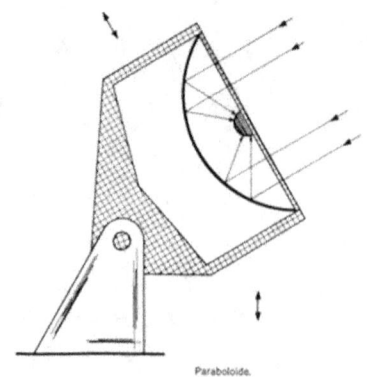

Paraboloide.

-Receptores de torre.

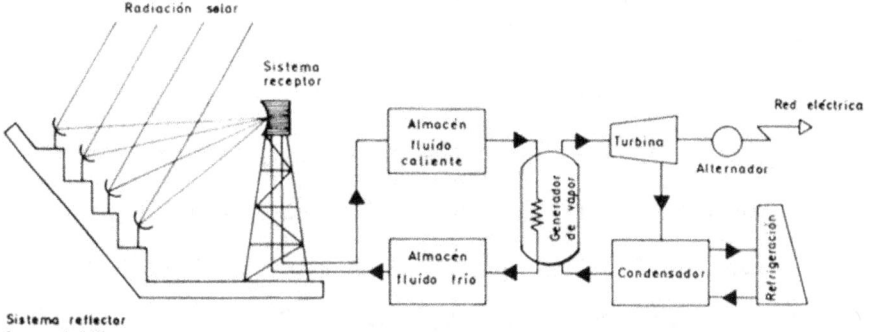

Principio de funcionamiento de una central solar de torre.

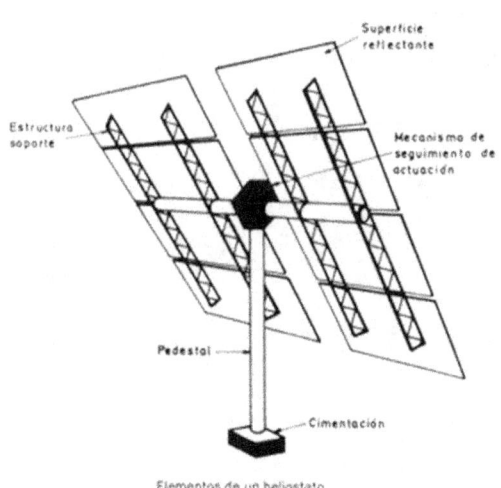

Elementos de un heliostato.

Sol → Espejo → Calienta el fluido caloportador → Vapor → Acciona turbina → Impulsa el generador eléctrico.

Sistemas fotovoltaicos

Efectúan la conversión directa de energía solar en energía eléctrica.

-Efecto fotovoltaico: Producción de una fuerza electromotriz en un material semiconductor como consecuencia de la absorción de radiación luminosa.

-Célula solar fotovoltaica: Disco monocristalino de silicio; proporciona 14mW/cm2 (0,5V). para tomar contactos eléctricos al semiconductor, se depositan dos capas metálicas sobre ambas caras de la célula (superficie superior en forma de rejilla para que pase la luz al semiconductor).

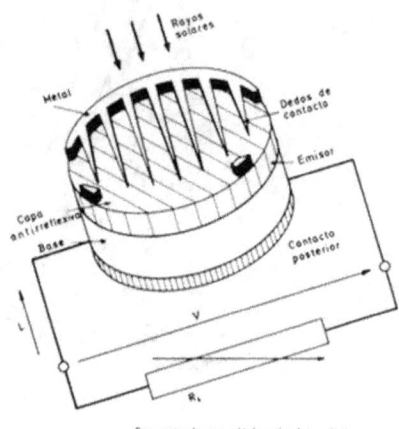

Esquema de una célula solar fotovoltaica.

-Módulo fotovoltaico: Formado por 36 células conectadas en serie y montadas entre dos láminas de vidrio. Proporciona 18V.

-Panel fotovoltaico: Son módulos montados sobre soporte mecánico. Los módulos se pueden conectar en serie o en paralelo, obteniéndose cualquier valor de tensión e intensidad. Suministra C.C. Si se desea C.A., hay que instalar un rectificador.

En aplicaciones fotovoltaicas de baja potencia el panel se conecta en paralelo a una batería donde se almacena la energía.

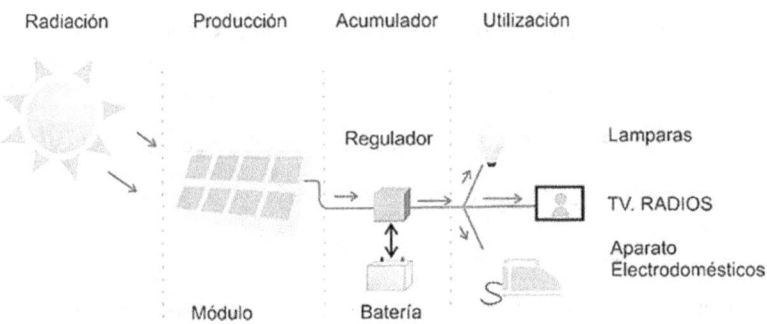

El regulador sirve para cuando la temperatura alcanza la máxima carga, el panel alcanza mucha tensión, lo que puede dañar la batería.

Este sistema puede estar en paralelo con la red:

Si no hay sol, se emplea la energía de la red.

Con sol, cede energía a la red cuando la producción es mayor que el consumo. Es necesario un ondulador (dispositivo que transforma C.C. en C.A.) y controles eléctricos para mantener constante la calidad de la energía eléctrica del panel.

Aplicaciones de las instalaciones fotovoltaicas

-Remotas: En lugares no habitados y para bajo consumo: repetidores de TV, radiofaros, etc. Es necesario baterías.

-Usos rurales: Compite con el grupo electrógeno, el cual es más barato, pero es necesario un suministro de combustible, menor fiabilidad y más ruido.

Se usa en instalaciones aisladas de la red general y en muchos casos no requieren baterías (no servicio continuo). Ej.: molienda.

-Autogeneración de energía: Para centros de consumo conectados a la red general. Para uso doméstico y pequeñas centrales, se consiguen kW. Uso de la energía solar como base del consumo y la de la red como complemento. Se puede prever un excedente de electricidad a la compañía eléctrica. Uso doméstico rural: iluminación, establo.

-Grandes centrales fotovoltaicas: Sistema caro. Implantación a la espera de la evolución de la energía fotovoltaica. Dependerá del coste del combustible y de las condiciones climáticas, y además de que la solución que sea competitiva.

Sistemas pasivos

Son aquellos que no necesitan ningún dispositivo para captar la energía solar, sino que es una relación entre el sol, el almacenamiento de calor y el espacio mediante elementos arquitectónicos.

El sistema de diseño pasivo capta la energía solar, la almacena y la distribuye de forma natural sin mediación de elementos mecánicos.

Se basa en:

Las características de los materiales empleados en la construcción.

La utilización de fenómenos naturales de circulación del aire.

Estos sistemas se construyen sobre la estructura del edificio, forman parte del mismo y funcionan en el entorno más inmediato.

Elementos básicos:

-Acristalamiento: capta la energía solar, reteniéndola por efecto invernadero (el vidrio deja pasar la radiación visible pero refleja la radiación que emite el receptor en el interior, al elevar su temperatura.

La orientación preferente debe ser el sur solar.

-Masa térmica: Almacena energía. Está formada por todos los elementos estructurales de la casa o volúmenes específicamente destinados a tal fin y rellenos de algún material acumulador, como piedras, agua, etc.

Para mantener la eficacia de este sistema de diseño pasivo:

Usar colectores de aire con cerramiento en el sur del edificio.

Usar paredes internas de la vivienda como muros acumuladores.

Usar ventiladores.

Aplicaciones:

- Calefacción.
- Refrigeración.

Energía eólica

El viento es consecuencia de la radiación solar.

Es una corriente de aire resultante de las diferencias de presión en la atmósfera, provocadas en la mayoría de los casos, por variaciones de la temperatura.

Cómo es la circulación del aire en la atmósfera:

-Circulación planetaria: Debida a estaciones, incidencia de los rayos del sol sobre la Tierra, rotación de la Tierra.

-Circulación a pequeña escala: Efecto del mar, orografía del terreno, altura sobre el nivel del suelo.

Un 2% de la energía solar que llega a la Tierra se convierte en energía eólica.

La potencia del viento depende de:

Área de la superficie captadora.

Velocidad el viento.

Al viento no se le puede despejar toda su energía cinética (quedaría detenido).

El viento que pasa a través de un dispositivo captador de energía eólica, reduce su velocidad en 2/3 de su valor inicial.

Máquinas eólicas

Son cualquier dispositivo accionado por el viento.

Tipos:

-Aeromotor: Se utiliza directamente la energía mecánica.

-Aerogenerador: Acciona un generador eléctrico.

Características de una máquina eólica

-Velocidad de arranque: Es la velocidad mínima del viento que hace girar la máquina.

-Velocidad de conexión: Velocidad mínima del viento que hace generar potencia.

-Velocidad nominal: Velocidad mínima del viento que permite generar la potencia nominal (la máxima).

-Velocidad de frenado: Velocidad máxima del viento que puede soportar la máquina generando potencia sin dañarse.

-Área de captación: Superficie del sistema captador de la máquina perpendicular al viento.

Elementos de una máquina eólica

- Soportes.
- Sistema de captación.
- Sistema de orientación.
- Sistema de regulación.
- Sistema de transmisión.
- Sistema de generación.

Soportes

Los soportes deben:

Tolerar el empuje del viento.

Estar a altura para evitar turbulencias debidas al suelo.

Tipos:

-Autoportantes:

-Estructura metálica: parecidos a los de las torres eléctricas.

-Hormigón: Producen menos turbulencias.

Torres tubulares

-Atirantado basculante: Facilita el mantenimiento en el suelo con mayor comodidad y sin peligro de la máquina y soporte.

-Atirantamiento a 4 vientos, la unión de los cables al suelo se hace con tensores.

Sistema de captación: El rotor

El rotor está compuesto por un determinado número de palas.

Su misión es la transformación de la energía cinética del viento en energía mecánica utilizable.

Tipos: Según la disposición del eje

Eje horizontal:

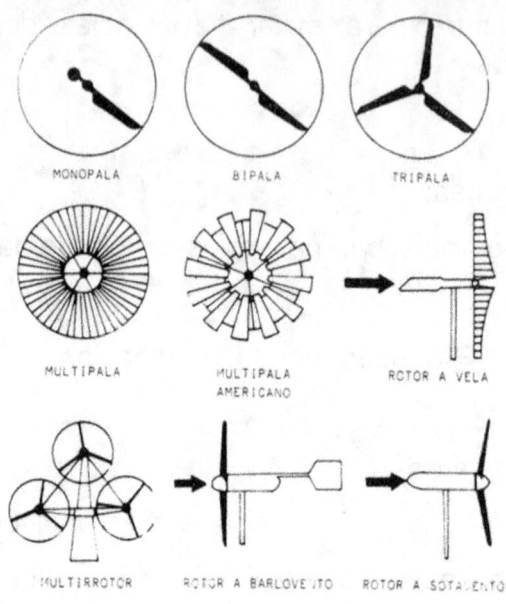

Rotores de eje horizontal.

Eje vertical

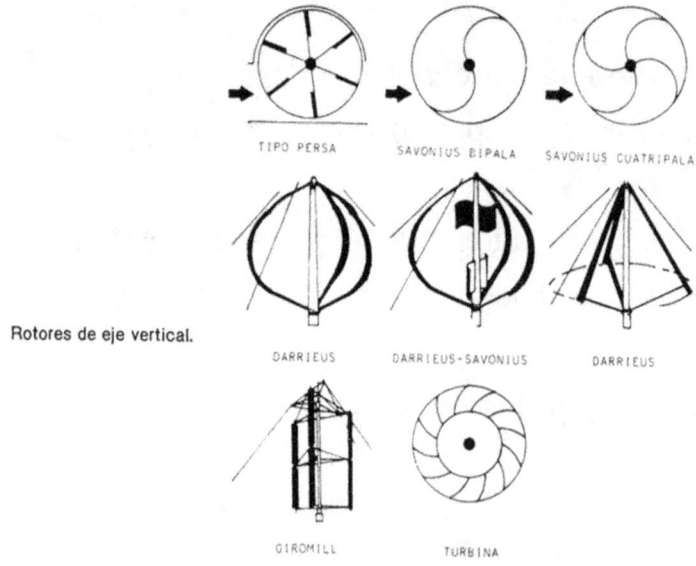

Rotores de eje vertical.

Características generales del rotor

-Velocidad típica: Es la relación entre la velocidad punta pala y la velocidad del viento.

-Solidez: Relación entre la superficie de las palas y la superficie descrita por las mismas en su movimiento de rotación.

Ej.: Multipala, solidez ≈ 1

-Bipala: la solidez puede llegar a 0,1

-Rendimiento aerodinámico: ("coeficiente de potencia"): Representa la parte de la energía del viento que se transforma en energía mecánica. El máximo teórico es del 59%, el valor real el 20-40% según el tipo de rotor y la velocidad típica.

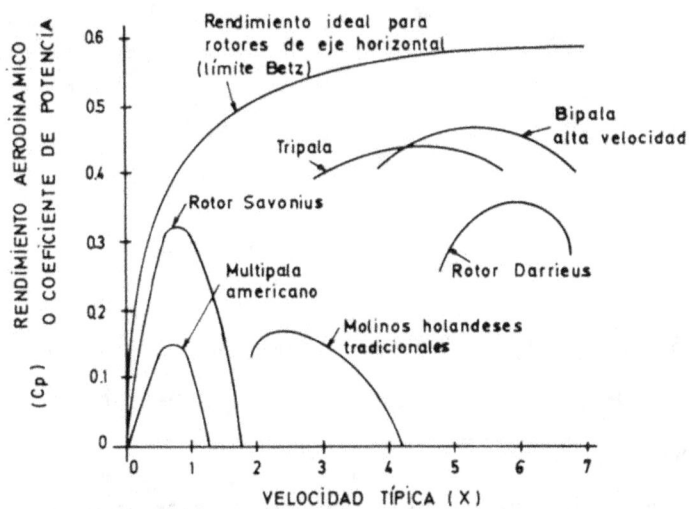

Rendimiento aerodinámico en función de la velocidad típica para diferentes tipos de rotores.

Sistemas de orientación

Las máquinas de eje vertical no necesitan orientación, las de eje horizontal sí.

Este sistema debe detectar la dirección del viento y situar el rotor en su misma dirección. Lo debe hacer de una forma suave para evitar esfuerzos.

Para pequeñas y medianas potencias (≤5kW) cuyo rotor esté cara al viento, el mejor sistema suele ser una cola, la cual actúa como una veleta.

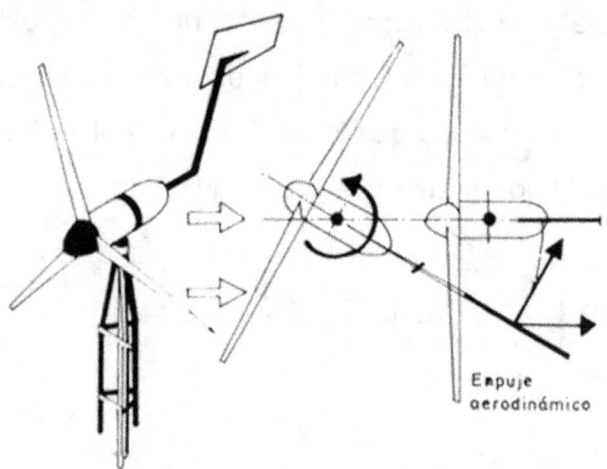

Sistema de orientación por cola.

Otro sistema son los rotores auxiliares, dos pequeñas hélices tras el rotor y en dirección perpendicular al mismo.

El viento no actúa sobre las hélices a menos que no esté orientado.

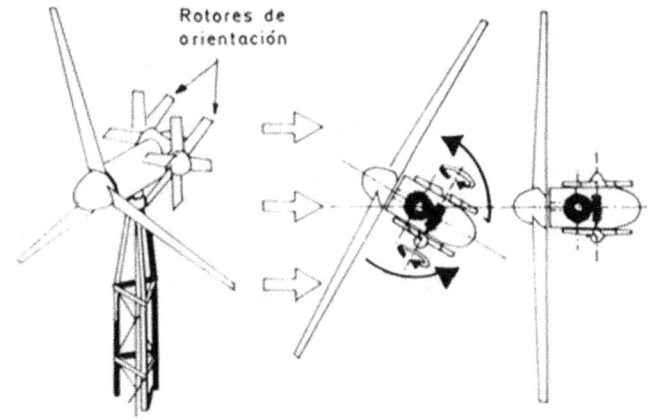

Sistema de orientación por rotores auxiliares.

Para máquinas de gran potencia: Se usan motores auxiliares, estos actúan automáticamente mediante servomecanismos (detecta la dirección del viento mediante una veleta y la compara con la posición del rotor) y son los que se encargan de orientar el rotor en la posición adecuada.

Sistemas de regulación

Estos sistemas controlan la velocidad de rotación y el par motor en el eje del rotor, evitando las fluctuaciones producidas por la velocidad del viento.

Los sistemas más sencillos operan solo para velocidades altas de rotación (vientos fuertes) que son un peligro para la máquina, por lo que se hace necesario un sistema de frenado.

Tipos: Según su forma de actuación

-Actuación sobre el rotor: Aumentando o disminuyendo la potencia absorbida. Esto sólo es posible en rotores de eje horizontal. Este es el sistema más sencillo. El sistema más eficaz es el de "paso variable", el cual actúa variando el ángulo de ataque de las palas, o sea, aumentando o disminuyendo el rendimiento aerodinámico, lo que aumenta o disminuye la potencia absorbida.

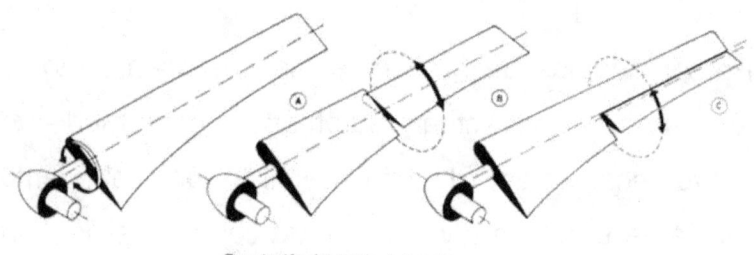

Regulación del calaje de la pala:
a) Toda la pala.
b) Parte de la pala.
c) Alerones.

Sistemas de transmisión

La energía mecánica obtenida en el rotor debe ser transmitida de alguna forma para aprovechar en una tarea.

Dependiendo de si es:

-Aeromotor: La energía mecánica se transmite mediante poleas, engranajes o utilizando un sistema cigüeñal-biela.

-Aerogenerador: Hay que aumentar la baja velocidad de giro del rotor, para ello se intercala entre el rotor y el generador eléctrico un multiplicador; el más sencillo es el multiplicador de engranajes, de uno o varios ejes de ruedas dentadas cilíndricas.

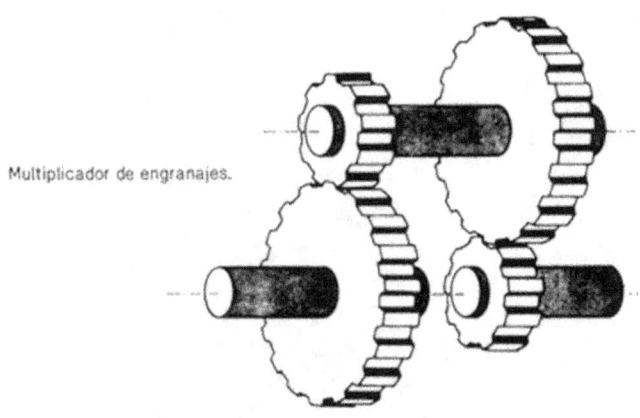

Multiplicador de engranajes.

Sistemas de generación

Los generadores que transforman la energía mecánica o eléctrica pueden ser dinamos o alternadores.

- Dinamo: Convierte a C.C.

- Alternador: Convierte a C.A.

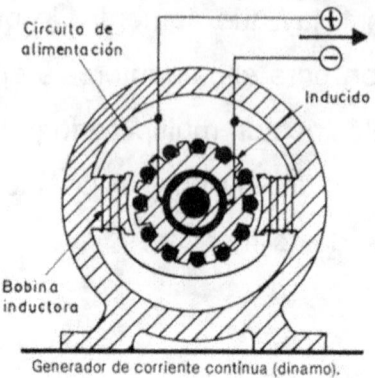

Generador de corriente contínua (dinamo).

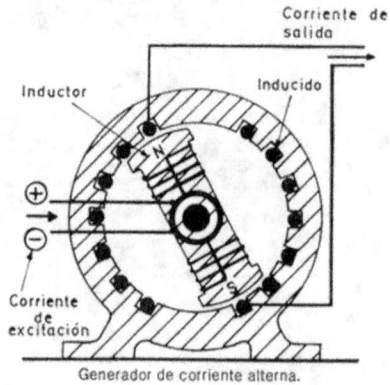

Generador de corriente alterna.

Biomasa

Biomasa es el conjunto de materiales orgánicos generados a partir de la fotosíntesis o bien producidos en la cadena biológica.

Tipos:

Biomasa vegetal.

Biomasa animal.

Biomasa residual.

Paja, serrín, virutas.

Estiércol, residuos mataderos, residuos urbanos.

Cómo se puede obtener energía a través de la biomasa.

-Indirectamente: Mediante transformación de productos industriales.

-Directamente: Utilizando como combustible residuos o cultivos energéticos.

Residuos

Los residuos son aquellos materiales generados en las actividades de producción, transformación y consumo que no han alcanzado, en el contexto que son generados, ningún valor económico.

Tipos de residuos:

-Residuos agrarios:

-Residuos agrícolas: Es la planta cultivada o porción de ella que es precisa para obtener el fruto o facilitar el cultivo propio o posterior.

Ej.: pajas, podas, residuos textiles.

-Residuos forestales:

Residuos del corte y elaboración de la madera.

Residuos de los tratamientos selvícolas.

Ej.: Ramas, cortezas, virutas, serrín, hojas.

-Residuos industriales: Provenientes de aquellas industrias que pueden generar altas cantidades de residuos.

Ej.: Conservas vegetales, frutos secos.

-Residuos urbanos: Residuos sólidos urbanos (RSU). Aguas residuales urbanas.

Residuos sólidos urbanos (RSU)

Son aquellos materiales generados en los procesos de fabricación, transformación, utilización, consumo o limpieza llevados a cabo en los núcleos urbanos (50% de materia orgánica).

Tratamiento de los RSU

Existen dos fases:

-Recogida y transporte: Es la fase más costosa.

Aprovechamiento o eliminación.

Los RSU son la fuente de biomasa residual más directamente aprovechable ya que:

Cuenta con un servicio de recogida.

La recogida y eliminación son imprescindibles.

Aumentó el crecimiento de producción de residuos.

Permite la recuperación de otros productos reciclables, como son los metales y el vidrio.

Aguas residuales

Las aguas residuales son líquidos procedentes de la actividad humana que llevan en su composición gran cantidad de agua y que generalmente son vertidos al río o al mar.

Composición

-Inorgánica: sales y arenas.

-Orgánica: materiales biodegradables.

Fracción sólida.

Tratamiento de depuración

-Tratamiento primario: Separación de la materia en suspensión. Se generan fangos (primarios y biológicos) que contiene la mayor parte de la materia orgánica que tenía el agua, la cual es contaminante, esta sería la biomasa residual.

-Tratamiento biológico: Se emplea oxígeno para obtener el agua depurada.

Cultivos energéticos

Son cultivos de cosechas atendiendo al valor que poseen como combustible.

Existen aún interrogantes acerca de su rentabilidad e impacto social y ecológico.

Tipos de cultivos energéticos

-Cultivos tradicionales: Cereales, caña de azúcar.

-Cultivos poco frecuentes: cardos, patata.

-Cultivos acuáticos: algas.

-Cultivos de plantas productoras de combustibles líquidos: palma africana, jojoba.

Procesos de transformación de la biomasa en energía
La biomasa tiene una baja densidad física y energética, por lo que hay que transformarla en combustibles de alta densidad energética y física.

Procedimiento:
Extracción directa de algunas plantas productoras de hidrocarburos.

-Biomasa seca: Las plantas se someten a la acción de altas temperaturas, o sea, procesos termoquímicos, en condiciones variables de oxidación, encontrándose implicadas reacciones químicas irreversibles.

Estos procesos termoquímicos son:
-Combustión: Con alta presencia de oxígeno, el cual genera calor/electricidad.

-Gasificación: Calentamiento con oxígeno moderado, lo que genera gas pobre o gas de síntesis.

-Pirólisis: Se produce en ausencia de oxígeno, lo cual produce combustibles diversos.

Los materiales más idóneos para su transformación son los de bajo contenido en humedad: madera, paja, cáscaras.

Estos métodos no generan un producto único, sino que son mezclas de combustibles sólidos, líquidos y gaseosos con diversos valores energéticos.

Biomasa húmeda – Procesos bioquímicos:

Se llevan a cabo mediante diversos tipos de microorganismos, ya sea contenidos en la biomasa original, ya sean añadidos durante el proceso microorganismos, los cuales producen la degradación de las moléculas complejas constituyentes de la biomasa en compuestos más simples, de alta densidad energética.

-Fermentación alcohólica: Produce alcohol.

-Digestión anaerobia: Produce metano.

Energía geotérmica

La geotermia es todo fenómeno que se refiere al calor almacenado en el interior de la Tierra.

La energía geotérmica es la energía derivada del calor interior de la Tierra. Se produce por desintegración espontanea, natural y continua de los isotopos radioactivos que existen en muy baja proporción en todas las rocas naturales: uranio, torio, etc. El calor se transmite por conducción a través de los materiales que forman el subsuelo, pero la baja conductividad térmica de estos materiales hace que parte de la energía se almacene en el interior de la Tierra durante mucho tiempo.

Existe un "gradiente geotérmico" que es la variación de la temperatura con la profundidad (1°C cada 33m).

La densidad de flujo térmico es muy baja, pero existen zonas en que el flujo geotérmico es alto.

Manifestaciones superficiales

Las alteraciones geotérmicas más interesantes están localizadas en zonas de actividad volcánica actual o reciente. Estas manifestaciones son:

Vulcanismo reciente.

Zonas de alteración hidrotermal.

Emanaciones gaseosas.

Fuentes termales y minerales.

Anomalías térmicas.

El sistema geotérmico. La condición para utilizar la energía geotermia es la presencia de una extensa zona a elevada temperatura localizada a profundidad asequible.

-Yacimiento geotérmico: Es un volumen de roca con temperatura anormalmente elevada para la profundidad a la que se encuentra, susceptible de que pueda ser recorrida por una fuente de agua que pueda absorber calor y transportarlo a la superficie (no significa que el agua esté en el yacimiento a priori).

-Yacimiento hidrotérmico: Es una fuente de calor situada a profundidad (1km-10km) que garantiza un elevado flujo térmico por un largo período de tiempo.

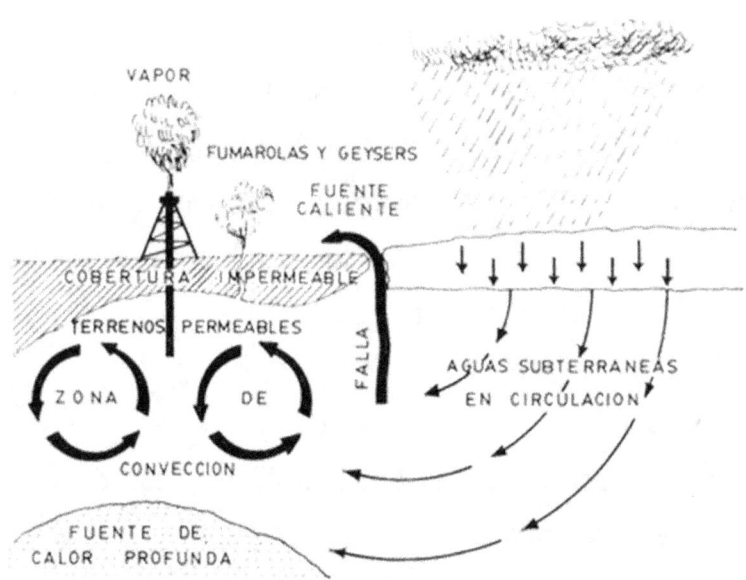

Esquema de un sistema hidrotérmico.

Tipos de sistemas hidrotérmicos

-Predominio de vapor: La ebullición del agua subterránea produce vapor, que a veces está sobrecalentado con alta temperatura.

Produce un vapor sobrecalentado seco de alta calidad.

-Predominio de agua (agua caliente o vapor húmedo): Es más frecuente que le vapor seco.

Asociado a aguas termales que descargan en la superficie. Se obtiene agua caliente. Pero el problema es la alta concentración de impurezas y sales, lo que provoca corrosión.

Sistema de roca seca caliente

Son zonas de rocas impermeables que recubren una cámara magmática, pero no poseen acuífero.

Aún las técnicas para extraer el calor no están muy desarrolladas, se hace circular el agua de un pozo a través de una zona fracturada.

Explotación de yacimientos geotérmicos

Antes de proceder a la explotación hay que conocer una serie de variables y condiciones:

Profundidad y espesor del acuífero.

Calidad, caudal y temperatura del fluido.

Permeabilidad y porosidad de las rocas.

Conductividad térmica y capacidad calorífica, tanto del acuífero como de las rocas circundantes.

Se hacen sondeos para ver las características y si el fluido puede suministrar una potencia constante (caudal constante a temperatura constante).

Campos de utilización de la energía geotérmica
-Baja temperatura (hasta 120°C).
-Alta temperatura.

Uso de yacimientos a alta temperatura (1-2 MW)
Cuando la fuente da vapor seco, se utiliza el proceso de conversión directa, mediante una turbina acoplada a un generador se produce corriente eléctrica.

Cuando la fuente da una mezcla de líquido y vapor con predominio de líquido, se usa el proceso de expansión súbita; se utiliza un evaporador (o recipiente de expansión) donde se deja expandir bruscamente el fluido, y donde una parte del mismo se vaporiza de forma instantánea.

Uso de yacimientos de baja temperatura (hasta 100ºC)

Campos de aplicación:

Calefacción urbana.

Calefacción industrial.

Calefacción agrícola.

Componentes de la instalación

-Dos pozos: uno de producción y uno de inyección.

-Dos bombas: una para la extracción del fluido caliente y otra para inyección de fluido frío.

Un intercambiador de calor a pie de pozo.

Conducción de agua caliente del intercambiador al consumidor.

Inconvenientes:

Altas inversiones iniciales.

Rendimiento bajo.

Imposibilidad de transporte.

Energía hidráulica

La energía hidráulica es una forma de energía solar.

Una corriente de agua lleva:

-Energía cinética: Por la velocidad que lleva. No es aprovechable.

-Energía potencial: Entre dos puntos a diferente altura.

Emplazamiento de los sistemas hidráulicos (conducciones y diques).

En un sistema hidráulico hay que tener en cuenta dos parámetros: el caudal disponible y el desnivel que se puede alcanzar, de ellos se obtiene el potencial extraíble.

-Caudal: Depende de las estaciones y del año.

-Desnivel: Viene dado por el terreno, pero hay que ver cuál es el que da la rentabilidad óptima

Tipos de caídas

-Gran altura de caída (superior a 100-150m): Es debida a un curso de agua en que el lecho baja con una pendiente fuerte o en cascada. Los trabajos de emplazamiento de las conducciones suelen ser importantes. Se recogen las aguas río arriba en el punto más alto y se llevan mediante canalizaciones hasta el sistema captador situado en la parte baja de la pendiente. Son caudales bajos con gran pendiente.

-Caída mediana (20-100m): La obra es igual que para la de gran altura, pero tiene mayor anchura de canalización, para coger caudales de agua más elevados.

-Pequeñas caídas (5-20m): El sistema captador está cercano a la toma de agua. Se necesita una gran obra para crear un embalse, con objeto de crear una caída conveniente.

El caudal es grande y la velocidad del agua pequeña.

Conducciones de agua

Se pueden hacer:

A través de un canal abierto.

A través de un canal cerrado (bajo presión).

Deben ser lo más lisas y rectas posibles.

El agua debe llegar con la mayor energía posible al sistema captador.

Diques (embalses)

Suele ser necesario (no imprescindible) la construcción de un embalse cuya misión es:

Canalización del flujo de agua hacia el dispositivo captador de energía.

Almacenamiento de la energía de la corriente de agua.

Elevación del nivel de agua para aumentar la energía disponible.

Diseño de la presa
Se debe tener en cuenta:
Facilidad de construcción, considerando la anchura de la corriente y la estabilidad del suelo.
Maximización del volumen de agua susceptible de ser almacenada en el embalse sin dañar el equilibrio natural.
Localización de un desnivel de terreno óptimo.

Posibles problemas
Hay que prevenir las filtraciones de agua a su través o por debajo del suelo.
Se construye sobre pilares implantados en el suelo o sobre un firme de rocas.
El lecho de la corriente y los alrededores del dique deben estar limpios de toda vegetación.

Tipos de diques
-Diques de terraplén: Se construyen con tierra cubierta de gravas y piedras.

Los más baratos consisten en un núcleo central de tierra que resiste la presión del agua, cubiertos a ambos lados por grava y piedras.

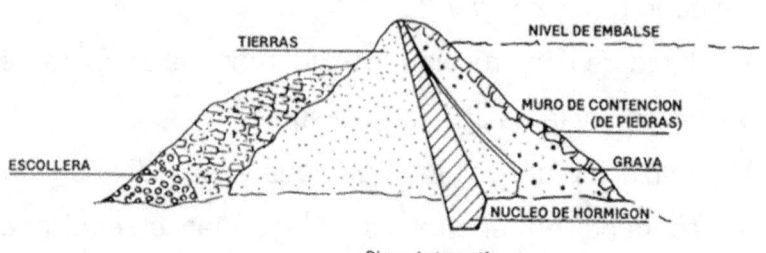

Dique de terraplén.

-Dique de hormigón: El más sencillo es la presa de gravedad, resiste el empuje de agua almacenada gracias a su propio peso.

El problema es que la presa debe tener mucho volumen para resistir, es decir, se encarece el material.

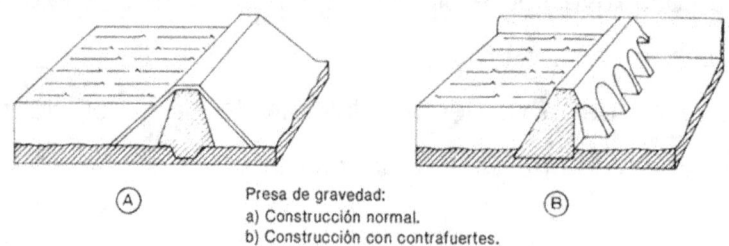

Presa de gravedad:
a) Construcción normal.
b) Construcción con contrafuertes.

Presas de arco o presas de cúpula: Son las preferidas para abaratar los costes en las grandes construcciones.

Energías Renovables   Ing. *Miguel D'Addario*

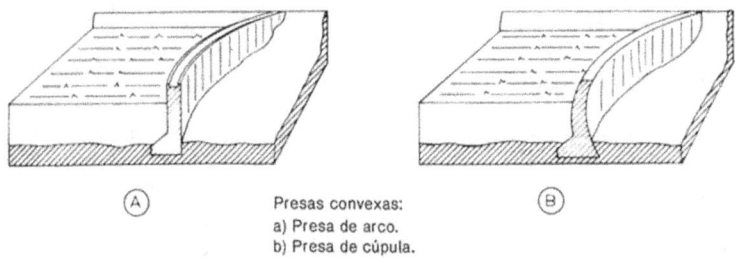

Presas convexas:
a) Presa de arco.
b) Presa de cúpula.

Todo dique debe permitir el escape del exceso de agua, de varias formas:

A través de un aliviadero, cuya boca está a un nivel más bajo que la cima del dique.

Mediante pozo de desagüe que desciende verticalmente desde el interior del embalse.

Por túnel o canal de desagüe que va desde la orilla del embalse hasta el pie del dique.

Sistemas captadores de la energía hidráulica
Se pueden clasificar en dos grandes grupos:
-Ruedas hidráulicas.
-Turbinas.

Ruedas hidráulicas
Son útiles para generar energía mecánica.

Esta energía se extrae del eje de la rueda y se conecta mediante etapas multiplicadoras a la maquinaria que se quiere impulsar: muelas, bombas de agua, etc.

Como tienen bajas velocidades de rotación, la transformación de energía mecánica en energía eléctrica es costosa.

Las ventajas de las ruedas es que pueden operar en lugares donde existen grandes fluctuaciones de corriente que provoquen cambios de giro en la rueda. Son resistentes y limpias (no se atascan con ramas).

Tipos de ruedas:

-De empuje inferior: Acción directa del agua sobre las paletas. Su rendimiento es del 60 al 75%.

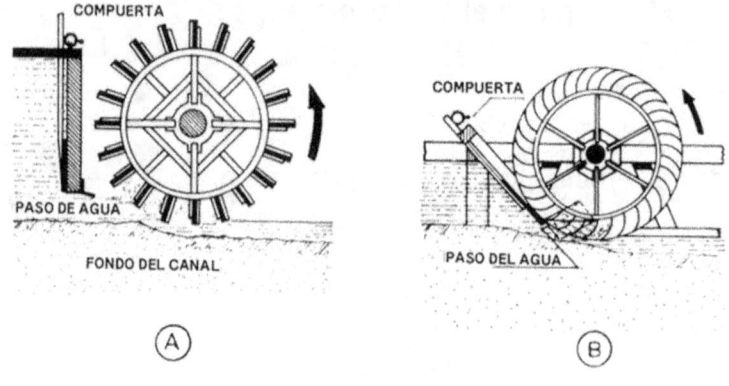

Ruedas hidráulicas de empuje inferior:
a) Clásica.
b) Poncelet.

-De empuje superior: Son accionadas por el peso del agua que cae dentro de unos cajones que recogen sucesivamente el agua de un canal superior. Su rendimiento está entre el 70 y el 80%.

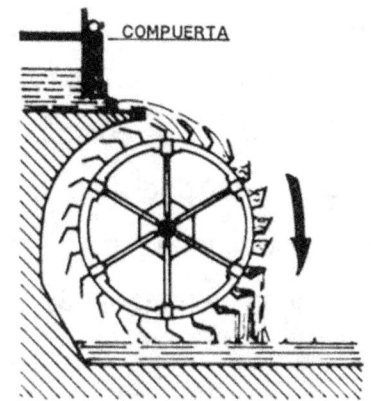

Rueda hidráulica de empuje superior.

-Turbina Pelton: Es una rueda hidráulica con velocidad de giro alta (1000 rpm).

Recibe el agua en un sentido y la expulsan en el contrario haciéndola girar un ángulo de 180º.

Necesita un caudal muy bajo, su velocidad y presión han de ser altas para que dé rendimiento.

La altura de caída mínima debe ser de 25m. Su rendimiento es del 93%.

Turbina Pelton.

-Turbina Michell: Para un rango de alturas de 5 y 30m. Es una rueda hidráulica de alta velocidad.

Parecida a la Pelton, su rendimiento es inferior, pero su construcción es más sencilla ya que soporta presiones tan altas como la Pelton.

Como la velocidad de giro es más baja que la Pelton no se recomienda para generar electricidad.

Su rendimiento es del 80%.

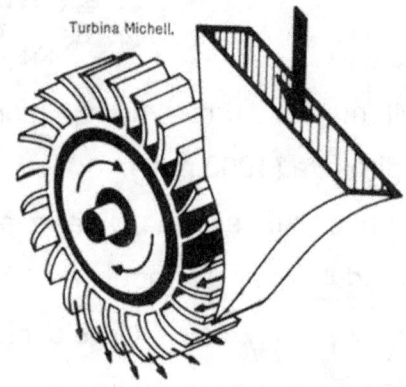

Turbinas hidráulicas

La turbina es una máquina en la que se aprovecha directamente la fuerza de agua mediante la reacción que esta produce en un dispositivo de paletas helicoidales.

La turbina está completamente sumergida en agua, es decir, el agua penetra en todas las paletas simultáneamente. Su eficacia es muy alta, del 95%, y giran a altas velocidades, más de 1000 rpm, por lo

Energías Renovables   Ing. *Miguel D'Addario*

que son ideales para generación de corriente eléctrica.

Una de las más usadas es la turbina Francis, en ella el agua penetra por la periferia y sale por la parte central de la rueda motriz. Una modificación de la turbina anterior es la turbina Kaplan.

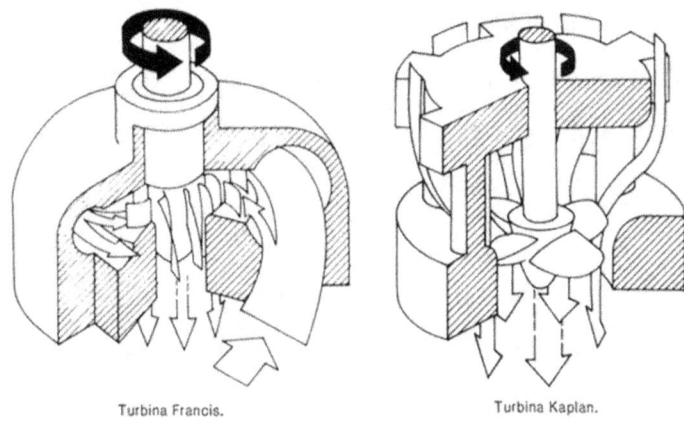

Turbina Francis.   Turbina Kaplan.

Utilización de la energía hidráulica

-Centrales hidroeléctricas de hasta 12600 MW, que proporcionan 75 millones de MW.

-Minicentrales: Pueden generar de 3 a 35 kW con alturas de 1 a 5 m.

Energía del mar

El sol proporciona 600 millones de TW/h en forma de energía solar, esto provoca una alta acumulación energética en el mar.

Las fuentes de energía de origen marino son:
Mareas.
Gradientes térmicos. Olas. Vientos oceánicos.
Bioconversión. Corrientes marinas. Gradientes salinos.

Energía mareomotriz
La marea es un movimiento periódico y alternativo de acenso y descenso de las aguas del mar, producido por las acciones del sol y de la luna.

Hay factores terrestres que la alteran
La diferencia entre la pleamar y la bajamar oscila entre 1 y los 14 metros. El "margen de la marea" es el tiempo que tardan en producirse dos pleamares o bajamares.

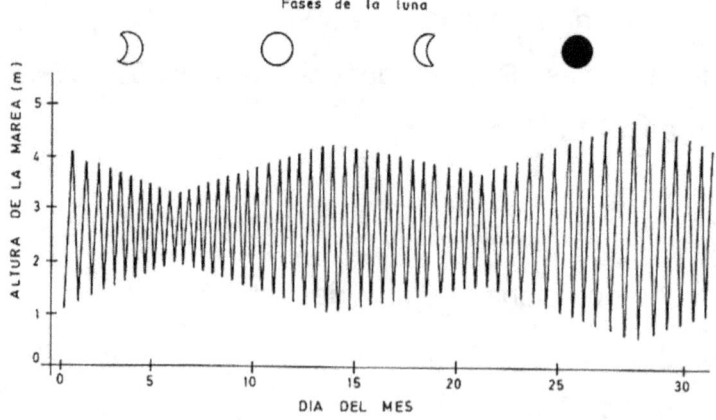

Variación mensual de la marea con una curva regular semi-diurna.

Centrales mareomotrices

Primero hay que encontrar un estuario o accidente geográfico adecuado, en extensión y por amplitud de marea en dicha zona (mínimo de 4/5 m).

En cuanto al funcionamiento, existen varios métodos
-Ciclo elemental de efecto simple:
Se realiza en un solo estuario donde está situado el dique y las turbinas, fluyendo el agua en un solo sentido: del estuario al mar.
En pleamar se cierra el estuario y entra a funcionar la turbina, hasta que, debido a la siguiente marea, los niveles se igualan.
Solo produce energía 3 horas, 3 veces al día.

-Ciclo elemental de doble efecto:
Es una variación del sistema anterior para generar más potencia de forma más continúa.
En un estuario y las turbinas trabajando en los dos sentidos, existe producción de energía durante el llenado y el vaciado.

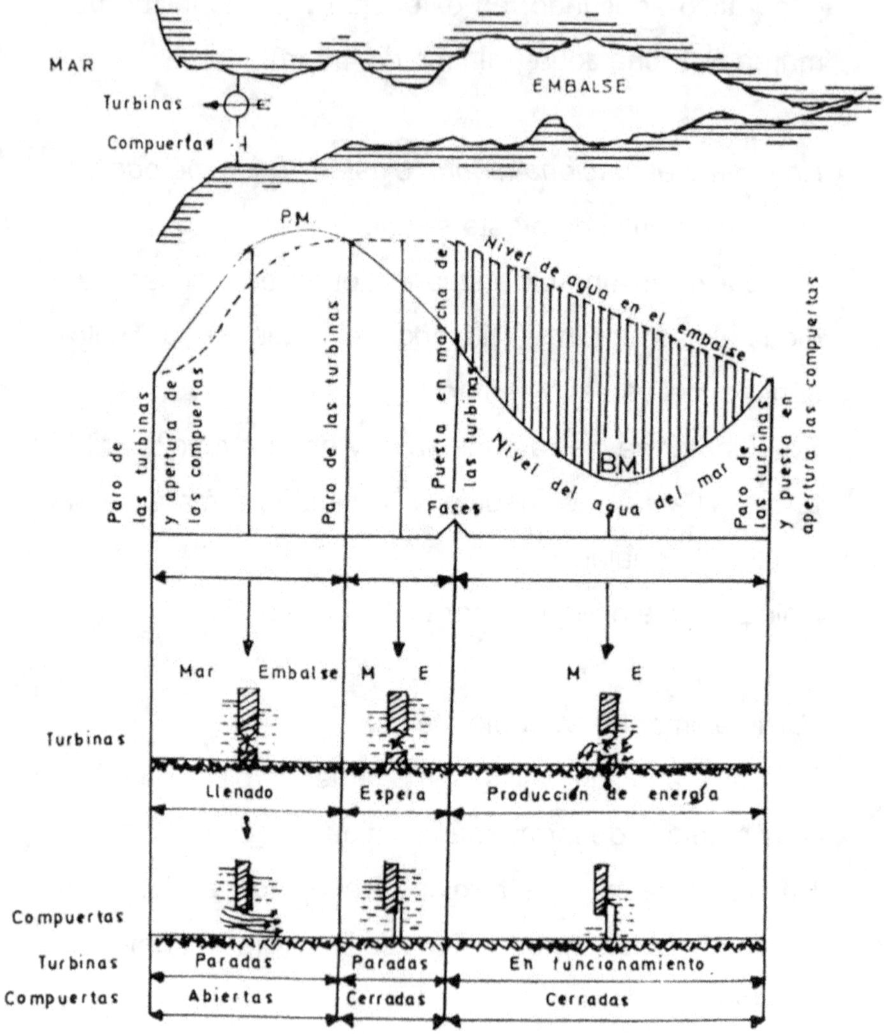

Ciclo elemental de efecto simple (vaciado).

-Otro método es el almacenamiento por bombas: Además de generar energía durante las fases de llenado y vaciado de los embalses, la planta puede utilizar los excedentes de energía para aumentar la diferencia de nivel bombeando agua al interior del embalse, esto reduce la cantidad global de energía, pero permite afrontar mejor la demanda energética de las horas punta.

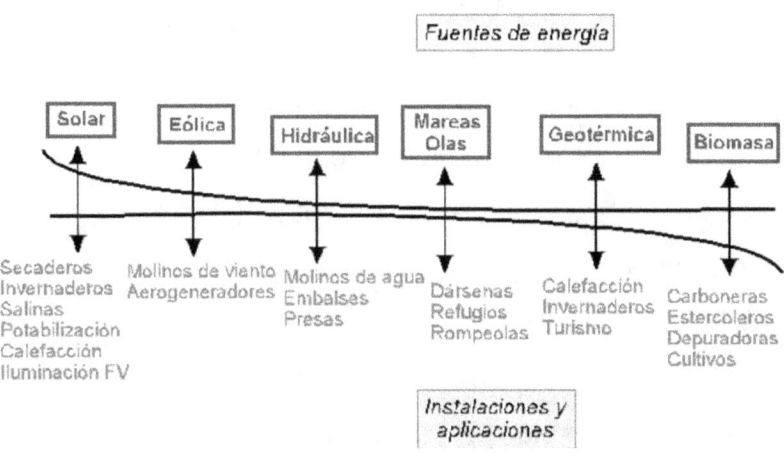

Energías Renovables Ing. *Miguel D'Addario*

Ejercicio 1

1. Se quiere cambiar de sitio una caja. Para ello se arrastra 50 metros, utilizando una cuerda que forma con la horizontal un ángulo de 30°, y se aplica una fuerza constante de 300 N. Determina el trabajo realizado.

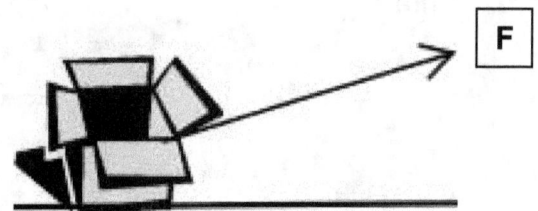

2. Con un motor eléctrico se eleva un cuerpo de masa 100 kg hasta una altura de 15 metros (P = m · g).
Determina:
a) Trabajo realizado
b) Potencia (en W y en CV.) desarrollada por el motor si se han empleado 20 segundos.

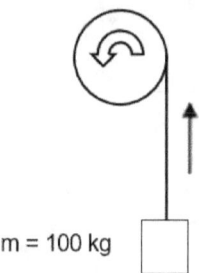

m = 100 kg

3. Un motor, empleando una potencia de 100W, ha elevado una carga 10 metros en un tiempo de 50 segundos. ¿Cuál es la masa de la carga?

4. Una bomba de agua ha elevado 0,5m³ (suponemos 1 litro = 1 kg.) a un depósito situado a 12 metros altura, y ha tardado 2 minutos. Calcula el trabajo realizado (en julios) y la potencia desarrollada (en vatios).

5. Un motor eléctrico de una grúa tiene una potencia máxima de 30CV. Si tiene que elevar una carga de 2000kg. ¿Qué tiempo tardará en subir 20 metros a máxima potencia?

6. Se ha instalado un motor eléctrico para elevar el agua de un aljibe.
El cubo tiene una capacidad de 25 litros.
Y la altura que debe recorrer es de 5m.
Determina el rendimiento del motor si sabemos que ha consumido 1500J para realizar ese trabajo.

Energías Renovables Ing. *Miguel D'Addario*

Soluciones:

1.- W = 12990J

2.- a) W = 14700J; b) P = 735W = 1 CV

3.- m = 51 kg.

4.- W = 58.800J / P = 490W

5.- t = 17,77 segundos

6.- η = 82%

Ejercicio 2

1. Determina el trabajo realizado en elevar un peso de 200N una altura de 20 metros. Se ha tardado en realizar este trabajo 50 segundos:
a) ¿Qué potencia se ha desarrollado?
b) Si el motor empleado trabaja a 230V, ¿Qué intensidad de corriente consume?

2. Un vehículo con una masa de 500 kg. se desplaza a una velocidad de 50 km/h.
a) ¿Qué energía cinética tiene?
b) Ha tenido que frenar hasta reducir su velocidad a 20 km/h. ¿Qué energía ha dejado en la frenada?

3. ¿Cuánta energía se precisa para elevar hasta los 60°C una sartén de acero inoxidable (Ce= 0,22 kcal/kg °C). La sartén tiene una masa de 0,5kg. y se encuentra inicialmente a una temperatura de 5°C.

4. Para elevar 200 L. de agua a 20°C hasta los 80°C, ¿Cuánta madera debemos quemar? ¿Y si el combustible hubiese sido gasolina? Suponemos que no hay pérdidas.

Datos: Pc madera = 3500 kcal/kg. Pc gasolina = 11300 kcal/kg.

5. Un motor de gasoil ha consumido 0,5 litros elevando 40Tm. hasta una altura de 15 metros. ¿Qué energía ha consumido? ¿Qué trabajo ha realizado y cuál es su rendimiento? Dato: Pc = 44800 kJ/kg, y densidad d = 0,85 kg/litro.

6. La empresa de distribución de energía eléctrica ha facturado 2€ por el consumo de una pequeña instalación formada por 5 lámparas de bajo consumo. Si sabemos que su potencia es de 12W, y que el precio del Kwh es de 0,12€, ¿Qué tiempo han estado encendidas?

7. Una olla con 8 litros sobre el fogón de una cocina. El agua se encuentra inicialmente a 10ºC, y para calentarla emplearemos gas butano (Pc = 49510 kJ/kg), se aprovecha en 60% del calor generado en la combustión.
¿Qué cantidad de butano será necesaria para elevar el agua hasta los 100ºC?

8. Una bicicleta estática dispone de un indicador de la energía consumida, la pantalla muestra 200 kcal. Si la bicicleta se conectara a un alternador (η = 80%), y ese a su vez alimentara 1 lámpara de 20W, ¿Qué tiempo podría haber estado la lámpara encendida?

9. El mapa de la energía solar de España indica que en la región de Murcia la energía radiante disponible es de 1800 kWh/m^2 y año. Hemos instalado en el instituto 4m^2 de paneles fotovoltaicos, con un rendimiento del 15%.
a) ¿Qué energía eléctrica producirán a lo largo de un año?
b) Si un tubo fluorescente (40W) está encendido de media 700 horas a lo largo de un año, ¿Cuántos tubos podremos alimentar con nuestras placas solares?

10. En una central nuclear se ha transformado 0,1 gramos de uranio en energía térmica.
a) ¿Cuánta energía térmica se libera?
b) ¿A cuánta gasolina equivale?
c) ¿Y a cuántas toneladas de madera seca?
d) ¿Cuánta agua podríamos haber hecho hervir (100°C) si se encuentra inicialmente a 5°C?

Energías no renovables

Las energías no renovables son aquellas cuya materia prima nos proporciona la naturaleza, pero cuyas reservas son limitadas y un consumo excesivo puede llegar a agotarlas.

Sus características principales son:
Generan emisiones y residuos que degradan el medioambiente. Son limitadas. Provocan dependencia exterior encontrándose exclusivamente en determinadas zonas del planeta.

Las energías no renovables pueden ser agrupadas en dos grandes grupos:
-Combustibles Fósiles: carbón, petróleo y gas natural.
-Energía nuclear.

Combustibles fósiles: Carbón
El carbón es un combustible sólido, de color negro compuesto fundamentalmente por carbono. Lleva además H, N, O, etc. en pequeñas proporciones. Procede de la fosilización de restos orgánicos vegetales.

Tipos de carbón:

-Carbón mineral: antracita, hulla, lignito y turba.

-Carbón Artificial: carbón vegetal y carbón de coque.

Tipo	ANTRACITA	HULLA	LIGNITO	TURBA
% Carbono	95 %	85 %	75 %	50 %
Poder calorífico (Kcal/kg)	8000	7000	6000	2000
Antigüedad	Era primaria	Era primaria	Era secundaria	Muy reciente

El carbón vegetal se obtiene quemando madera. Actualmente sólo se utiliza en barbacoas.

El carbón de coque se obtiene a partir del carbón de hulla y se utiliza en la fabricación del acero.

Aplicaciones del carbón:

-Fabricación del carbón de coque: para utilizar como combustible y reductor de óxidos metálicos en los hornos altos para fabricación de acero.

El coque se obtiene calentado carbón de hulla a temperaturas de 500 a 1100 °C sin contacto con el aire. En este proceso de destilación el carbón se limpia de alquitrán, gases y agua. Este combustible tendrá de 90 a 95% de carbono.

-Brea o alquitrán: se emplea fundamentalmente para pavimentar carreteras (asfalto) y como impermeabilizante de tejados. También se obtienen aceites utilizados en medicamentos, colorantes, insecticidas y otros.

Producción de electricidad: Centrales térmicas

Una central térmica es una instalación empleada para la generación de energía eléctrica a partir de la energía liberada en forma de calor, normalmente mediante la combustión de combustibles fósiles como petróleo, gas natural o carbón. Este calor es empleado por un ciclo termodinámico para mover un alternador y producir energía eléctrica.

Si la central térmica es de carbón, éste se traslada por medio de una cinta transportadora hasta la tolva, de donde se pasa a un molino en el que se tritura. A continuación, se introduce en la caldera, donde se quema para obtener energía calorífica. El calor generado se transmite al agua que circula por una serie de tuberías. El agua se transforma en vapor a gran presión. El vapor generado se dirige hacia las turbinas haciéndolas girar a gran velocidad (se transforma la energía térmica en energía mecánica de rotación). El generador de corriente alterna transforma el giro de la turbina en energía eléctrica.

En esta etapa final, el vapor se enfría, se condensa y regresa al estado líquido. La instalación donde se produce la condensación se llama condensador. El agua líquida forma parte de un circuito cerrado y volverá otra vez a la caldera, previo calentamiento. Para refrigerar el vapor se recurre a agua de un río o del mar, la cual debe refrigerarse en torres de refrigeración.

Los humos procedentes de la combustión salen por la chimenea, previo paso por un precipitador que se encarga de retener las partículas sólidas.

La corriente eléctrica se genera a unos 20000 V de tensión y se pasa a los transformadores para elevar la tensión hasta unos 400000 V, para su traslado hasta los puntos de consumo.

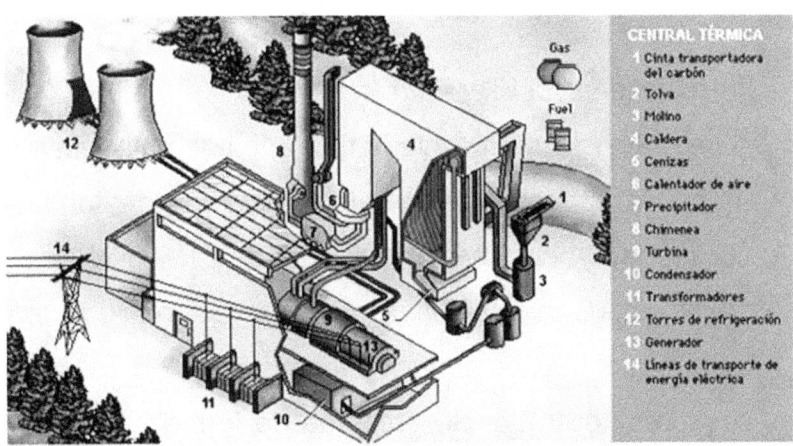

Este esquema es válido también para las centrales eléctricas a partir de fuelóleo (petróleo) o gas natural

Carbón y medio ambiente

Efecto invernadero: emisión de dióxido de carbono a la atmósfera. Impide que los rayos solares infrarrojos salgan de la atmósfera, lo que supone un aumento de la temperatura de la tierra.

Lluvia ácida: emisión de azufre y óxidos de Nitrógeno a la atmósfera, que reaccionan con el vapor de agua transformándose en ácido sulfúrico y ácido nítrico, que caerán en forma de lluvia afectando a los ecosistemas.

Contaminación de ríos y suelos.

Deterioro de los monumentos fabricados en piedra (mal de piedra).

Combustibles fósiles: Petróleo

El petróleo es una mezcla homogénea de compuestos orgánicos, principalmente hidrocarburos (carbono e hidrógeno), ypequeñas proporciones de nitrógeno, azufre, oxígeno y algunos metales. Es insoluble en agua. También es conocido como petróleo crudo o simplemente crudo. Se presenta de forma natural en depósitos de roca sedimentaria y sólo en lugares en los que hubo mar.

Origen del petróleo

Procede de la fosilización de restos de plantas y animales (sobre todo, plancton marino), sometidos a altas temperaturas y a grandes presiones de las capas de la tierra.

Es un compuesto líquido que se filtra a través de rocas porosas hasta encontrar una roca impermeable (arcilla) que lo retiene.

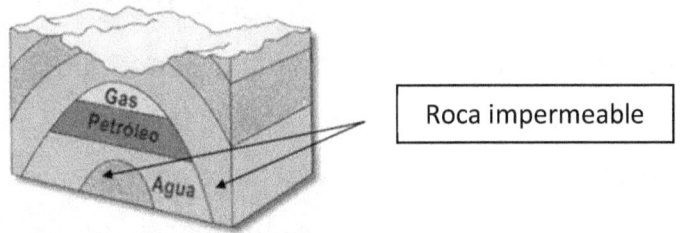

En la parte superior del depósito de petróleo siempre aparece una masa de gas natural.

Pozos y extracción: una vez localizados los pozos de petróleo se procede a la perforación mediante tubos perforadores.

Si el tubo perforador llega a la bolsa de gas y se detiene, sin llegar a la capa de petróleo, sube un chorro violento de gas.

Si el tubo perforador penetra en el petróleo, éste asciende empujado por el gas y el agua comprimida. A medida que sale el petróleo, va disminuyendo la presión y puede ser necesario introducir bombas para poder subir el petróleo a la superficie.

Destilación fraccionada

El petróleo natural no se usa como se extrae de la naturaleza si no que se separa en los diferentes hidrocarburos que lo forman.

El petróleo natural se introduce en un horno (torre de refinamiento) a una temperatura de 400ºC. Se introduce en la parte baja de la torre; todas las sustancias que se evaporan a esa temperatura pasan como vapores a la cámara superior algo más fría y en ella se condensan las fracciones más pesadas que corresponden a los aceites.

Continúan a la próxima, cámara aquellas que aun a esa temperatura son gases para condensar parcialmente en la fracción de combustibles Diesel.

Este proceso de condensación en fracciones de acuerdo al punto de ebullición se continúa ascendentemente hasta que al final por la parte superior salen los gases que no condensan a temperatura ambiente.

De este proceso se obtienen las fracciones
Gases

Gasolina

Queroseno

Diesel

Aceites lubricantes

Parafina y Asfalto

-Craqueo: cuando la necesidad de un producto es mayor que la de otro, como es el caso de la gasolina, se utiliza la técnica del craqueo.

El craqueo consiste en calentar un hidrocarburo por encima de su temperatura de ebullición para romper sus moléculas y obtener otras moléculas de menor peso que coincidan con los hidrocarburos de mayor demanda.

HIDROCARBUROS	APLICACIONES
Butano y propano	Combustible de uso doméstico (bombonas)
Gasolina	Combustible para motores de vehículos
Queroseno	Combustible para motores de aviación
Gasóleo	Combustible par motores diesel y calefacciones
Fuelóleo	Combustible en centrales térmicas
Aceites	Engrasado de piezas y maquinarias
Alquitrán	Pavimentos de carreteras e impermeabilizantes

Petróleo y medio ambiente

-Efecto invernadero: emisión de dióxido de carbono a la atmósfera. Impide que los rayos solares infrarrojos salgan de la atmósfera, lo que supone un aumento de la temperatura de la tierra.

-Lluvia ácida: emisión de azufre y óxidos de Nitrógeno a la atmósfera, que reaccionan con el vapor de agua transformándose en ácido sulfúrico y ácido nítrico, que caerán en forma de lluvia afectando a los ecosistemas.

La liberación accidental o intencionada contamina suelo, agua, aire, flora y fauna.

Una de las etapas más problemática es el transporte, tanto marítimo como terrestre.

Combustibles fósiles: Gas natural

El gas natural es una mezcla homogénea, en proporciones variables de hidrocarburos.

Su principal componente es el metano (CH_4), además también posee etano, propano y otras impurezas.

El gas natural está asociado casi siempre a los yacimientos de petróleo, sin embargo, hay pozos que proporcionan solamente gas natural.

El gas se almacena en grandes depósitos llamados gasómetros y posteriormente se conduce mediante tuberías (gasoductos) o licuado (en camiones cisternas) a los lugares de consumo.

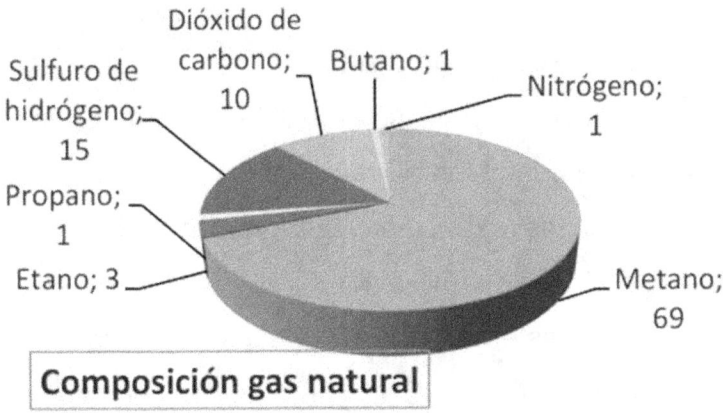

El principal uso del gas natural es como combustible, pero se emplea también para fabricar numerosos productos químicos.

Gas natural húmedo y seco

Antes de emplear el gas natural como combustible se extraen los hidrocarburos más pesados, como el butano y el propano.

El gas constituido por los hidrocarburos menos pesados (metano en su mayor parte y etano) es el llamado gas seco y se distribuye a usuarios domésticos e industriales para su uso como combustible. La fracción de gas restante, compuesto por hidrocarburos de peso molecular más alto, es el llamado gas húmedo.

Gas natural y medio ambiente
El gas natural es el combustible fósil con menor impacto medioambiental de todos los utilizados, tanto en la etapa de extracción, elaboración y transporte, como en la fase de utilización.

Tiene menores emisiones de gases contaminantes (SO_2, CO_2, NOx y CH_4) por unidad de energía producida.

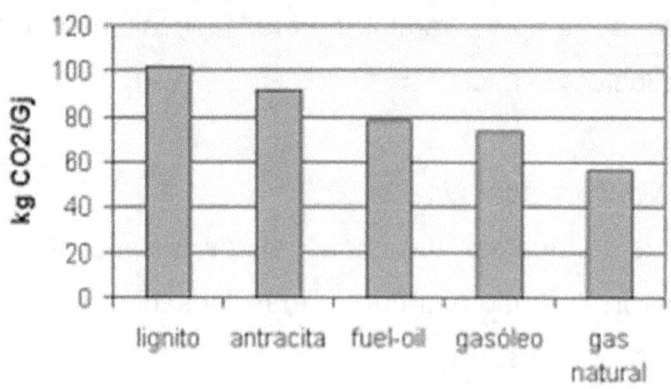

Gas esquisto o gas pizarra: es un hidrocarburo en estado gaseoso que se encuentra en las formaciones rocosas sedimentarias de grano muy fino. Este tipo de gas natural se extrae de zonas profundas en terrenos donde abunda el esquisto que es una roca de baja permeabilidad. Para la extracción comercial de dicho gas, es necesario fracturar la roca hidráulicamente, técnica conocida como fracking.

Para poder llegar al gas se realizan grandes perforaciones que alcanzan profundidades de hasta 5.000 metros. Una vez se ha excavado en vertical, comienza una prolongación del pozo en horizontal. A través de esta estructura se inyectan dos elementos: agua con arena (u otro apuntalante) y una serie de aditivos químicos.

La introducción de esta mezcla, a gran presión, fractura la roca y hace que se libere el gas. Éste asciende a la superficie junto a los aditivos, minerales o líquidos existentes en la roca.

A este proceso se le critica por:
Movimientos sísmicos
Contaminación de aguas subterráneas
Emisión de gases de efecto invernadero (metano)

Energía nuclear

La energía nuclear es la energía proveniente de reacciones nucleares, o de la desintegración de algunos átomos, como consecuencia de la liberación de la energía almacenada en el núcleo de los mismos.

Conceptos previos:

-Isótopos: son a los átomos de un mismo elemento, cuyos núcleos tienen el mismo número de protones (N° atómico), pero una cantidad diferente de neutrones, y, por lo tanto, difieren en masa atómica (suma de protones y neutrones).

Los isótopos radiactivos son isótopos que tienen un núcleo atómico inestable y emiten energía y partículas cuando se transforman en un isótopo diferente más estable.

-Uranio: Es un elemento químico metálico de color plateado-grisáceo, su número atómico es 92 (92 protones y 92 electrones).

Su núcleo puede contener entre 142 y 146 neutrones, sus isótopos más abundantes son el ^{238}U (146 neutrones) y el ^{235}U (143 neutrones).

En la naturaleza se presenta en muy bajas concentraciones en rocas, tierras, agua y los seres vivos.

Para su uso el uranio debe ser extraído y concentrado a partir de minerales que lo contienen.

Las rocas son tratadas químicamente para separar el uranio.

Reacciones nucleares de fisión

Recibe el nombre de fisión una reacción en la cual un núcleo pesado (^{235}U), al bombardearlo con neutrones, se descompone en dos núcleos más ligeros, con gran desprendimiento de energía y la emisión de dos o tres neutrones, que, a su vez, pueden ocasionar más fisiones, al interaccionar con nuevos núcleos fisionables, y así sucesivamente. Este efecto multiplicador se conoce con el nombre de reacción en cadena.

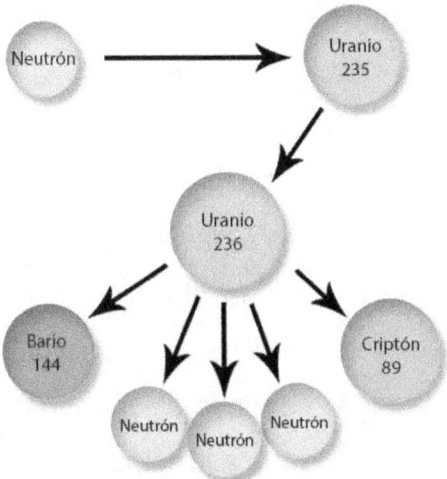

Si se logra que sólo uno de los neutrones liberados produzca una fisión posterior, el número de fisiones que tienen lugar por segundo permanece constante y la reacción está controlada.

Este es el principio de funcionamiento en el que están basados los reactores nucleares, que son fuentes controlables de energía nuclear de fisión.

En una central nuclear, el combustible es óxido de uranio ligeramente enriquecido en el isótopo ^{235}U, con un grado de enriquecimiento que oscila entre el 3-5%.

Como en una central térmica clásica, se transforma la energía liberada por el combustible, en forma de calor, en energía mecánica y después en energía eléctrica.

El calor producido por el combustible permite evaporar agua que acciona una turbina la cual lleva acoplado un alternador.

El vapor que alimenta esta turbina puede ser producido directamente en el interior de la vasija del reactor (en los reactores de agua en ebullición BWR) o en un cambiador denominado generador de vapor (en los reactores de agua a presión PWR).

Componentes de una central nuclear de fisión

Reactor nuclear:

-Tubos de acero inoxidable: en los que se introduce el combustible (pastillas de uranio)

-Barras de control: regulan la cantidad de escisiones mediante barras de carburo de boro que absorben los neutrones.

-Moderador: reduce la velocidad de los neutrones. Se utiliza agua pesada (deuterio), agua ligera (protio), berilio o grafito.

-Turbina: transforma la energía térmica del vapor de agua en energía mecánica de rotación.

-Condensador: es un intercambiador de calor.

-Edificio de almacenamiento y manipulación: se fabrican de hormigón y se utilizan como depósitos de combustible y de residuos radiactivos.

-Circuito de refrigeración / generador de vapor: un líquido refrigerante (deuterio, protio o helio) se utiliza para evacuar el calor del reactor y transformarlo en vapor de agua para llevarlo a las turbinas.

Tipos de centrales nucleares: PWR y BWR

-PWR (Reactor de agua a presión): el agua del reactor se calienta (no alcanza nunca la ebullición), y va a un intercambiador de calor independiente (generador de vapor), donde se genera el vapor necesario para alimentar al grupo turbina-alternador.

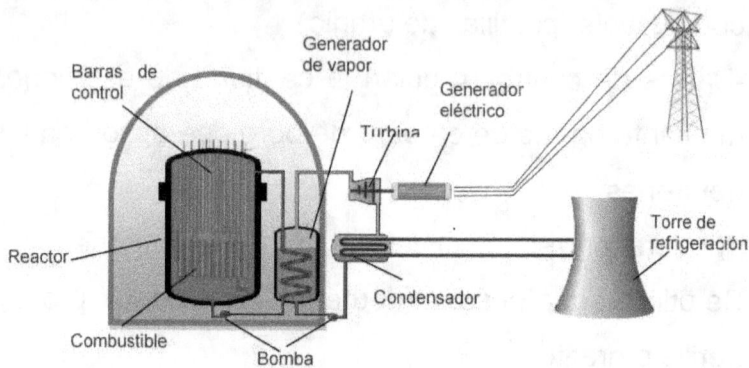

El combustible nuclear calienta el agua del circuito primario. El agua calentada pasa hacia un intercambiador de calor llamado generador de vapor, donde el calor del agua del circuito primario se transfiere hacia el agua del circuito secundario para convertirla en vapor.

La transferencia de calor se lleva a cabo sin que el agua del circuito primario y del secundario se mezclen ya que el agua del circuito primario es radioactiva, mientras que es necesario que el agua del secundario no lo sea. El agua volverá nuevamente a la vasija del reactor mediante bombas.

El vapor que sale del generador de vapor se utiliza para mover una turbina que a su vez mueve un generador eléctrico (alternador)). El generador eléctrico está conectado a la red de distribución eléctrica. Tras pasar por la turbina, el vapor se enfría en un condensador donde se tiene nuevamente agua líquida que es bombeada nuevamente hacia el generador de vapor.

El condensador es enfriado por un tercer circuito de agua llamado circuito terciario.

En un PWR, hay tres circuitos de refrigeración (primario, secundario y terciario), que utilizan agua ordinaria (también llamada agua ligera).

-BWR (Reactor de agua en ebullición): se emplea agua ligera a presión como moderador y refrigerante. El refrigerante alcanza la temperatura de ebullición al pasar por el núcleo del reactor.

Parte del líquido se transforma en vapor y éste se conduce directamente hacia el grupo turbina-alternador sin necesidad de emplear un generador de vapor.

Tras esto el vapor que sale de la turbina pasa por un condensador que lo enfría obteniéndose nuevamente agua líquida, la cual es impulsada mediante bombas de nuevo hacia el interior de la vasija que contiene el núcleo.

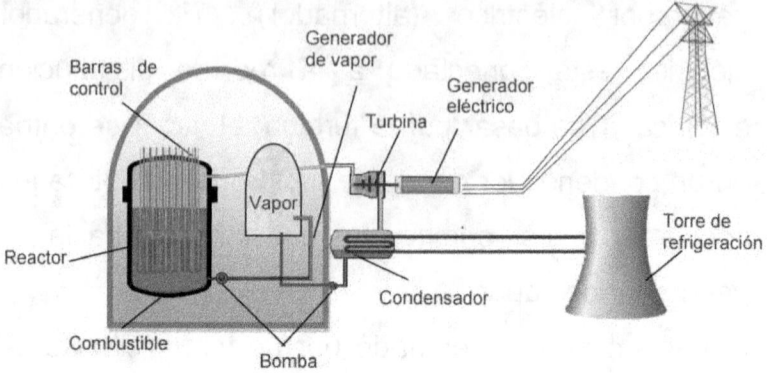

Energía nuclear y medio ambiente

No produce humo ni dióxido de carbono, ni favorece el efecto invernadero; en consecuencia, resulta útil como sustituto de los combustibles fósiles.

El principal problema de las centrales nucleares lo constituyen los residuos radiactivos.

Centrales nucleares en España

En España se encuentran en funcionamiento 6 centrales nucleares, todas ellas en la península, 2 de las cuales disponen de 2 reactores cada una (Almaraz y Ascó), por lo que suman 8 reactores de agua ligera, con una potencia total instalada de 7.728 MWe.

Energías Renovables Ing. *Miguel D'Addario*

Central	Emplazamiento	Tipo	Año entrada en servicio
Sta. María Garoña	Burgos	B.W.R.	1971
Almaraz I	Cáceres	P.W.R.	1981
Ascó I	Tarragona	P.W.R.	1983
Almaraz II	Cáceres	P.W.R.	1983
Cofrentes	Valencia	B.W.R.	1984
Ascó II	Tarragona	P.W.R.	1985
Vandellós II	Tarragona	P.W.R.	1987
Trillo	Guadalajara	P.W.R.	1988

Reacciones nucleares de fusión

La fusión nuclear es una reacción nuclear en la que dos núcleos de átomos ligeros, en general el hidrógeno y sus isótopos (deuterio y tritio), se unen para formar otro núcleo más pesado, liberando una gran cantidad de energía.

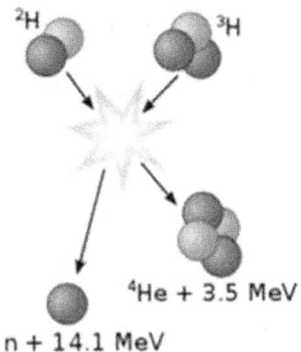

Para efectuar las reacciones de fusión nuclear, se deben cumplir los siguientes requisitos:

Para que tengan lugar estas reacciones debe suministrarse a los núcleos la energía cinética necesaria para que se aproximen los núcleos reaccionantes, venciendo así las fuerzas de repulsión electrostáticas. Para ello se necesita calentar el gas hasta temperaturas muy elevadas (10^7 o 10^8 ºC), como las que se supone que tienen lugar en el centro de las estrellas.

El gas sobrecalentado a tan elevadas temperaturas, de modo que quedan electrones libres y los átomos están altamente ionizados, recibe el nombre de plasma. Confinamiento necesario para mantener el plasma a elevada temperatura durante un tiempo mínimo.

Si el plasma se coloca en un recipiente normal, se enfría rápidamente y las paredes se volatilizan. Lo que se hace es colocar campos magnéticos para que el plasma levite.

Producción de energía en España

Las energías renovables cubrieron el 42,4% de la demanda. La eólica ha sido, por primera vez, la tecnología que más ha contribuido a la cobertura de la demanda, un 21,1%.

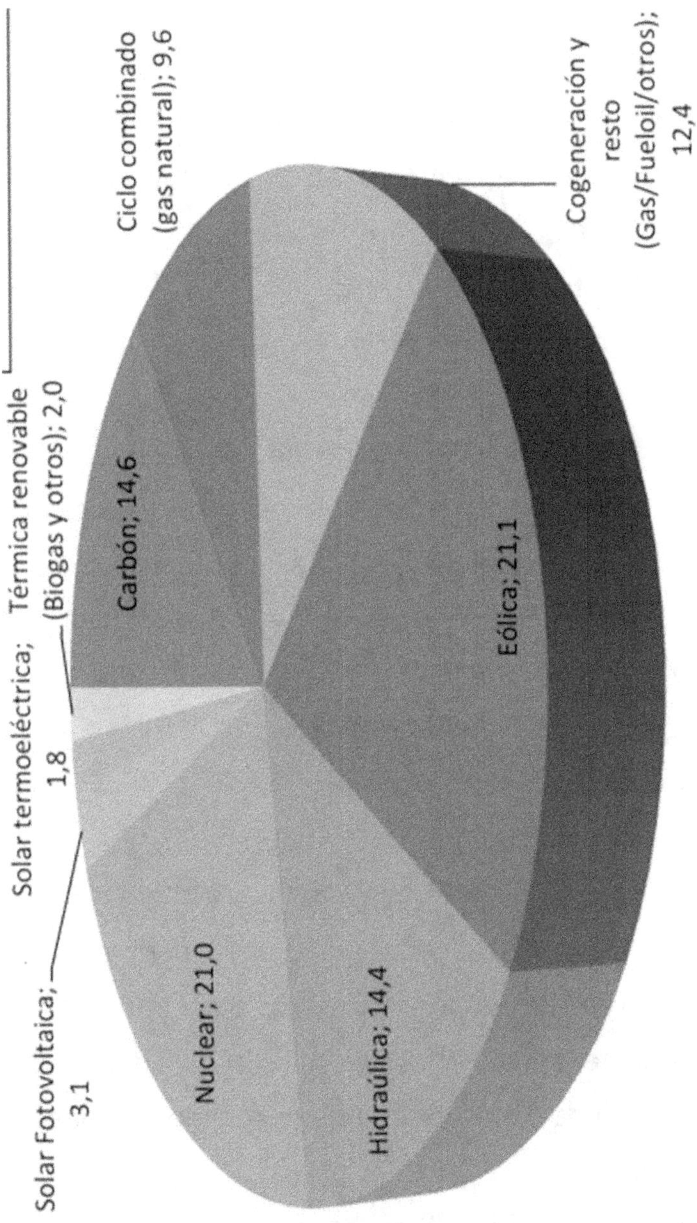

Energías Renovables Ing. *Miguel D'Addario*

- Ciclo combinado (gas natural); 9,6
- Cogeneración y resto (Gas/Fueloil/otros); 12,4
- Térmica renovable (Biogas y otros); 2,0
- Solar termoeléctrica; 1,8
- Carbón; 14,6
- Eólica; 21,1
- Solar Fotovoltaica; 3,1
- Nuclear; 21,0
- Hidraúlica; 14,4

Producción de energía (en %)

Energías Renovables Ing. *Miguel D'Addario*

Ejercicio 3

1. Calcula la cantidad de carbón de antracita que es necesario aportar diariamente a una central térmica clásica si su rendimiento es del 32% y tiene una potencia de 53 MW.

Pc (antracita) = 8000 Kcal/Kg

Resultado m= 427930,6 Kg

2. Calcula la cantidad de m^3 de gas natural que es necesario quemar para convertir el carbón de hulla en carbón de coque, si se necesita en este proceso proporcionar una energía de 2.108Kcal y el rendimiento es del 95%.

Pc (gas natural) = 8540 Kcal/m^3

Resultado V= 24651, 8 m^3

3. En una central térmica para subir el carbón al molino hay que ascender 500m y se emplea una locomotora de vapor. El peso que transporta la locomotora es de 40t. Determina la cantidad mínima de carbón de antracita que es necesario quemar si el rendimiento es del 10%

Resultado m = 58,63 Kg

4. Suponiendo que el carbón consumido en España en el año 2010 fue de 24,1 millones de toneladas, que su poder calorífico medio fue de 7000 Kcal/Kg y que las centrales tuvieron un rendimiento medio del 34%. Calcula la energía eléctrica producida en MWh.
Resultado Eeléctrica = 6,66 x 10^7 MWh

5. Para calentar un depósito de agua de 2000 litros, se han utilizado 1,6 litros de gasóleo. Calcula el incremento de temperatura del agua, si el rendimiento del proceso es del 80%. Pc (gasóleo) =10300 Kcal/Kg
Densidad del gasóleo = 0,7 kg/l
Calor específico del agua = 1 Kcal / Kg.°C
Resultado (Tf – Ti) = 4,61 °C

6. El rendimiento de una central nuclear es del 33% y de una central térmica del 30%. Calcula la energía que producirían si quemasen 1 kg de uranio o 1 Kg de antracita. respectivamente. Pc (antacita) =8000 Kcal/Kg. c = 3 x10^8 m/s
Resultado: Central nuclear Eu = 7,1 . 1012 Kcal
Central térmica Eu = 2400 Kcal

7. Calcula qué cantidad de masa se habrá perdido en una reacción de fisión si se han obtenido 106 Mcal, con un rendimiento del 33%.

Resultado m= 0,14 g

Ejercicio 4

1. Explica qué se conoce por fuente de energía primaria. ¿Y por energía final?

2. Cita tres ejemplos de energías primarias, y otros tres de final.

3. ¿Qué quiere decir que una fuente de energía es renovable?

4. ¿Cuál es la energía primaria más consumida en España? ¿Y la menor? Indica porcentajes.

5. ¿Cuál es la energía final más consumida? ¿Qué aplicaciones crees que puede tener principalmente?

6. ¿De dónde proceden los combustibles fósiles? ¿En qué forman pueden encontrarse?

7. Si tuviésemos que obtener una cierta cantidad de energía, quemando la menor cantidad posible de combustible, ¿Qué tipo de carbón mineral utilizarías? Explica tu respuesta.

8. ¿Cuáles son las principales aplicaciones del carbón?

9. Problemas ambientales de la quema de carbón. Nómbralos.

10. ¿Crees que es elevada la dependencia española en el suministro de carbón?
Explica tu respuesta.

11. Un barril de petróleo es una unidad de volumen que equivale a 159 litros aproximadamente. ¿Cuántos litros de gasóleo se obtienen de un barril? ¿Y de queroseno?

12. ¿Cuántos litros de crudo es preciso refinar para llenar el depósito (gasolina) de un vehículo si su capacidad es de 50 litros?

13. ¿Existe algún oleoducto cerca de dónde vives? ¿cuál? Busca información sobre su trazado.

14. Cita algunas aplicaciones energéticas del petróleo y sus derivados.

15. Valora el nivel de dependencia energética (suministro de petróleo) de España. ¿Cuáles son los principales suministradores?

16. ¿Crees que medidas como reducir la velocidad de circulación en autovías y autopistas tiene sentido desde el punto de vista energético y económico? Explica tu respuesta.

17. ¿De qué dos formas pueden aparecer el gas natural en un yacimiento? ¿Qué países suministran gas natural a España principalmente?

18. ¿Qué aplicaciones energéticas conoces del gas natural? ¿Qué ventajas tiene su uso frente al carbón y el petróleo?

19. Tipos de energía nuclear. ¿Cuál es la que actualmente tiene aplicación comercial?

20. ¿Cuántas centrales existen en España? ¿Qué porcentaje de la electricidad que consumimos representan? ¿Cuál es la más cercana a tu ciudad?

21. ¿Qué tipo de residuos generan las centrales nucleares?

22. Indica aspectos a favor y en contra de la energía nuclear como fuente primaria para la producción de electricidad.

Explicar el funcionamiento del esquema:

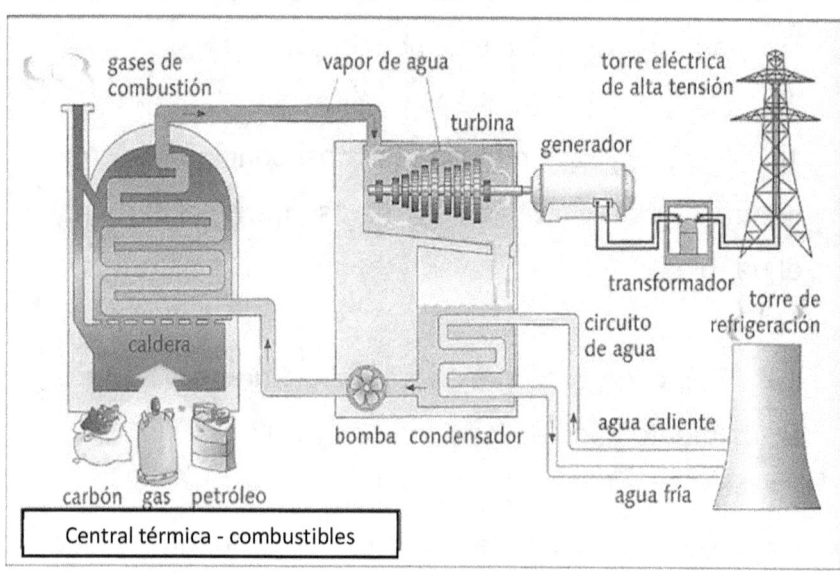

Ejercicio 5

1. ¿Qué aplicaciones ha tenido y tiene la energía hidráulica?

2. Realiza un diagrama de bloques explicativo de las transformaciones energética que se producen en una central hidráulica.

3. Tenemos una central hidroeléctrica que aprovecha un salto de agua de 10 metros un caudal de 9m³/s. Determina:
a) Potencia teórica de la central. (en kW y en C.V.)
b) Potencia real, si sabemos que emplea turbinas con un rendimiento del 93%
c) Energía producida en un año si sabemos que trabaja 6000 horas.
d) Si una persona consume unos 6000 kWh al año, ¿A cuántas personas podría abastecer la central?

4. La central del ejercicio anterior, ¿De qué tipo seria según su potencia?

5. Se han instalado colectores planos en una vivienda para obtener agua caliente para uso doméstico. La superficie de captación es de 4 m².

Averigua:

a) Energía captada en 4 horas, suponiendo un k =0,8 cal/min·cm².

b) Incremento de la temperatura del agua (Tinicial = 15°C.), si sabemos que el volumen del depósito es de 500 litros. Suponemos un rendimiento 100%.

6. ¿Qué tipos de tecnologías (aprovechamientos) existen para transformar la energía solar en electricidad?

7. ¿Cuál es el aprovechamiento de la energía solar más antiguo? Pon algún ejemplo.

8. Un tejado solar (fotovoltaico) tiene una superficie de 6m². Determina:

a) Energía captada durante 5 horas en un día de verano (k =0,9 cal/min·cm²).

b) Con un rendimiento de la instalación del 25%, determina cuánto tiempo podrían estar encendidas las luces de la vivienda (supongamos que todos los puntos de luz suman 500 W) con la energía aportada por el tejado solar.

9. Un parque eólico está compuesto por 15 aerogeneradores. Si durante el mes de marzo hemos tenido una velocidad de viento de 50km/h durante 300 horas. Determina:
a) Potencia aprovechable del viento. Las palas tienen una longitud de 20 m.
b) Potencia útil de cada aerogenerador (η=0,9).
c) Energía producida por cada aerogenerador en el mes de marzo.
d) Energía total producida en marzo por el parque eólico.

10. ¿Por qué se transforma la biomasa en combustibles? ¿Qué aplicaciones energéticas tiene?

11. Explica en qué consiste una central geotérmica.

12. ¿Qué recursos energéticos se aprovechan de los mares? ¿Con qué finalidad?

13. ¿De qué dos maneras se aprovecha la energía de los RSU?

14. ¿Cuál es uno de los principales impactos ambientales de la energía eólica? ¿Y de la solar?

15. El esquema de abajo se corresponde con una instalación de cogeneración. Explica en qué consiste el proceso. ¿Qué rendimiento puede alcanzar?

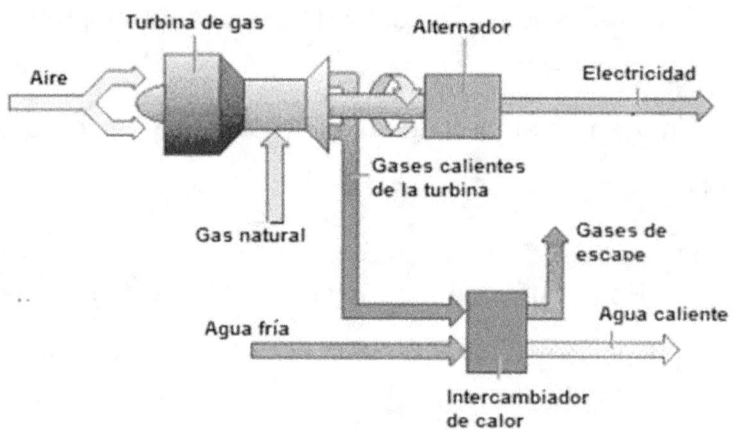

16. ¿Cuál es la energía primaria más usada en la Región de Murcia? ¿Cómo se explica esto?

17. ¿Y la energía final más usada en la región de Murcia? ¿Cuál es el recurso más utilizado en la región para la producción eléctrica?

Energías Renovables　　　Ing. *Miguel D'Addario*

18. Compara los índices de autoabastecimiento energético para Murcia y España. Haz una valoración (causas, aspectos positivos o negativos, etc.) de los datos regionales.

19. Señalar las partes de la central hidroeléctrica, explicar el funcionamiento:

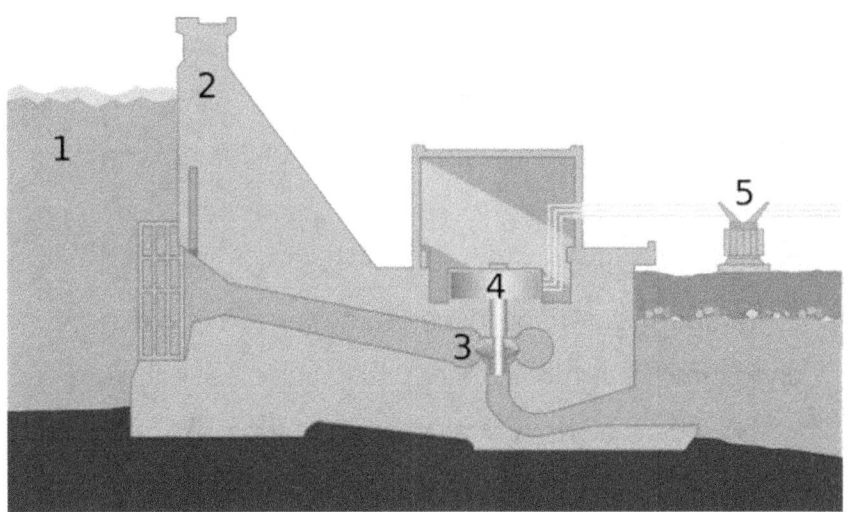

Energías renovables

Las energías renovables son energías que se obtienen de fuentes naturales inagotables, ya sea por la inmensa cantidad de energía que contienen, o porque son capaces de regenerarse por medios naturales. Las energías renovables pueden dividirse en dos categorías:

-No contaminantes: hidráulica, solar, eólica, geotérmica, mareomotriz, de las olas.

-Contaminantes: biomasa, residuos sólidos urbanos.

Energía hidráulica

Es la energía del agua cuando se mueve a través de un cauce (energía cinética) o cuando se encuentra embalsada a cierta altura (energía potencial).

Cuando se deja caer el agua, la energía potencial se transforma en energía cinética que puede mover unas turbinas que a su vez mueven un generador eléctrico.

-Embalse: es la acumulación de agua que se logra obstruyendo el cauce de un rio.

Para retenerla se construye un muro grueso de hormigón llamada presa.

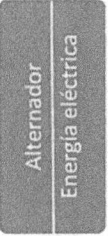

↑

↑

↑

Energías Renovables   Ing. *Miguel D'Addario*

Componentes de un centro hidroeléctrico

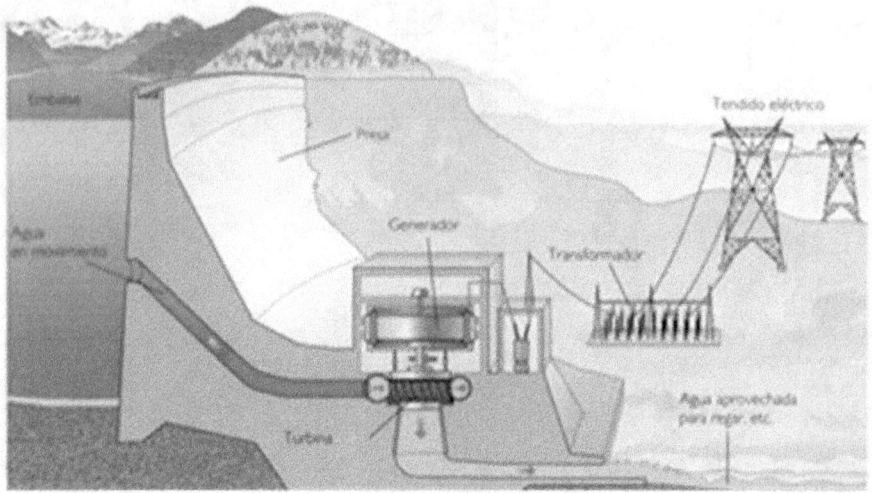

Las presas pueden ser de dos tipos:

-Presa de gravedad: suele ser recta o un poco cóncava y con su peso contrarresta el empuje del agua.

Su sección transversal es triangular.

-Presa de bóveda: son de forma convexa y sus extremos se apoyan en las laderas de montañas, de manera que el empuje del agua se transmite a las laderas de las montañas.

-Compuertas: es una placa móvil que al levantarse deja pasar el agua cuando hay agua en exceso. El agua que evacua no pasa por la sala de máquinas.

-Tuberías: suele estar colocada a 1/3 de la altura de la presa para que los fangos y lodos no sean arrastrados a las turbinas.

-Sala de máquinas: albergan las turbinas y el alternador.

-Turbinas: es un motor rotativo que transforma la energía cinética del agua en energía mecánica de rotación.

Las más utilizadas son las Kaplan y Pelton

-Turbina Kaplan: es una turbina de eje vertical que lleva 5 o 6 aspas encerradas en una cámara cilíndrica por cuya parte superior llega el agua. Tienen un rendimiento entre el 93 y 95%. Están diseñadas para trabajar con saltos de agua pequeños y con grandes caudales

-Turbina Pelton: es una rueda en cuya periferia se colocan una especie de cucharas. Las cucharas reciben el agua en un sentido y la expulsan en sentido contrario. Tienen un rendimiento del 90 %.

Están diseñadas para trabajar con saltos de agua muy grandes, pero con caudales pequeños.

-Alternador-generador: va unido al eje de la turbina y es una máquina eléctrica que transforma la energía mecánica de rotación en energía eléctrica (es un motor a la inversa). Consiguen una corriente alterna de 20.000 V.

-Transformadores: elevan la tensión de salida del alternador hasta 400.000 V (alta tensión).

-Líneas de transporte: llevan la corriente eléctrica producida hasta los centros de consumo.

Potencia y energía

Las dos características principales de una central hidroeléctrica, desde el punto de vista de su capacidad de generación de electricidad son:

La potencia, que está en función del desnivel de agua y del caudal, además de las características de las turbinas y de los generadores usados en la transformación.

$$Pt = 1000 \, Q \cdot g \cdot h$$

P = potencia teórica (W) = Pabsorbida
Q = caudal de agua (m3/s)
g = aceleración de la gravedad = 9,8 m/s2
h = altura (m)

La energía está en función del volumen útil del embalse, y de la potencia instalada.

$$Eab = Pab \cdot t$$

E = energía teórica (KWh)
P = potencia teórica (KW)
t = tiempo (h)

Rendimiento

El rendimiento medio de la central puedes estar entre el 70 - 90%, teniendo en cuenta el rendimiento de la turbina, rendimiento del generador y rendimiento mecánico del acoplamiento turbina-alternador.

Tipos de centrales

-Minicentrales: P<10 MW. En España hay actualmente 1135 minicentrales. Su producción está en pequeños pueblos. Existen dos tipos:

-Centrales de "agua fluyente": captan una parte del caudal del río, lo derivan a una tubería, lo trasladan a la turbina de la central y una vez utilizado lo devuelven al rio.

-Centrales "a pie de presa": basan su funcionamiento en el almacenamiento del agua en un pequeño embalse; vaciándose por una tubería ubicada en la base de la presa, que va a desembocar a una turbina.

-Grandes centrales: P>10 MW. Se sitúan en las cuencas de los ríos con caudales grandes.

Existen dos tipos:

-De bombeo puro: no están construidas en el cauce de un rio. Llevan dos embalses, uno superior y otro inferior. Para poder tener agua en el embalse superior hay que bombearla desde el embalse inferior.

-De bombeo mixtas: pueden producir energía con o sin bombeo previo. Llevan dos embalses, uno superior y otro inferior. El embalse superior está construido en el cauce de un rio. Sólo se bombea agua cuando el caudal del rio no es suficiente para abastecer el embalse.

Impacto ambiental

No producen emisiones de dióxido de carbono ni contaminantes del aire atmosférico.

Los embalses de los sistemas a gran escala inundan extensas regiones, destruyen hábitats de la vida silvestre, desplazan pobladores, disminuyen la fertilización natural de los terrenos agrícolas situados agua abajo de la presa.

Energía solar

La energía solar es un tipo de energía renovable que convierte la energía del sol en otra forma de energía (térmica, eléctrica).

Energía o Cantidad de calor:

$$Et = Q = K \cdot t \cdot S$$

Q = cantidad de calor (Wh) = Eabsorbida
K = coeficiente de radiación solar (W/m^2)
t = tiempo (h)
S = superficie (m^2).

CONVERSIÓN DE ENERGÍA	APLICACIONES	CAPTADORES
Energía solar térmica	Es usada para producir agua caliente de baja temperatura para uso sanitario y calefacción.	Colectores planos
		Invernaderos
		Horno solar
Energía solar termoeléctrica	Es usada para producir electricidad con un ciclo termodinámico convencional a partir de un fluido calentado a alta temperatura (aceite térmico).	Campo de heliostatos
		Colectores cilindro-parabólicos
Energía solar eléctrica	Es usada para producir electricidad mediante placas de semiconductores que se alteran con la radiación solar.	Placas fotovoltaicas

El coeficiente de radiación solar puede valer desde 0 hasta 1000 W/m^2. Depende de la latitud, hora del día, estación del año y situación atmosférica. La media aproximada en un día de verano es de 950 W/m^2

Rendimiento

Los rendimientos típicos de una célula fotovoltaica de silicio oscilan entre el 14%-25%.

Los rendimientos con los colectores solares térmicos a baja temperatura pueden alcanzar un 70% en la transferencia de energía solar a térmica.

Tipos de energía solar

La radiación solar que alcanza la Tierra puede aprovecharse por medio de captadores que mediante diferentes tecnologías pueden transformarla en energía térmica o. eléctrica. Los diferentes captadores o dispositivos se muestran en la tabla anterior:

Energía solar térmica de baja temperatura

-Colectores o captadores planos: son cajas metálicas en cuyo interior van una serie de tubos, pintados de color negro mate (absorben la radiación) y por los que circula agua que será calentada. En la parte superior llevan un cristal, que permite el paso de los rayos y hace de aislante con el exterior.

El interior va aislado térmicamente mediante fibra de vidrio o poliuretano.

Es la utilizada en los tejados de las viviendas y edificios comerciales, para calentar agua directamente con la radiación solar, y utilizarla para calefacción o agua caliente sanitaria.

Se llaman de baja temperatura porque el agua no alcanza más de los 80 grados centígrados.

Cuando el colector va aislado en su interior mediante el vacío, se consiguen temperaturas de hasta 120°C.

Se emplea para usos industriales, en los que se necesita agua a alta temperatura.

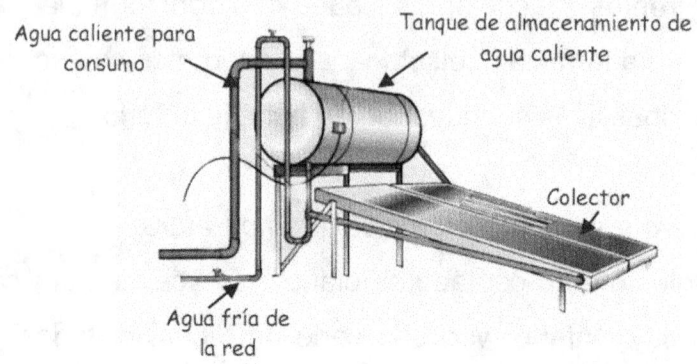

-Invernaderos: los plásticos o vidrio permiten la entrada de radiaciones electromagnéticas, que quedan retenidas al intentar salir, provocando un aumento de temperatura.

Energía solar térmica de alta temperatura
Horno solar
Se concentran los rayos mediante espejos reflectantes. Una primera serie de filas de espejos orientables, recogen los rayos solares y los transmiten hacia una segunda serie de espejos "concentradores" que forman la enorme parábola en un edificio principal. Se pueden obtener temperatura muy

elevadas, hasta 4000°C. Principalmente se utilizan en investigación, como el caso de fusión de materiales.

Energía solar termoeléctrica de media o alta temperatura

Este tipo de energía se presenta en forma de grandes centrales de, como mínimo 10Mw de potencia. Las temperaturas alcanzadas en estas centrales van desde los 300°C, hasta los 800°C, por tanto, estas centrales no pueden trabajar con agua líquida, y lo hacen normalmente con aceites térmicos, y en algún caso experimental con vapor de agua.

Campo de heliostatos

La captación y concentración de los rayos solares se hacen por medio de heliostatos, que son espejos con orientación automática que apuntan a una torre central donde se calienta el fluido en una caldera.

El fluido es un aceite térmico (preparado para altas temperaturas).

Este aceite caliente, va a un intercambiador de calor donde pasa sus calorías al agua, esta agua se evapora, formando vapor de agua caliente, que mueve una turbina-alternador de vapor que genera electricidad.

El fluido es condensado en un aerocondensador para repetir el ciclo.

Colectores cilindro-parabólicos

La captación y concentración de los rayos solares se hacen por medio de espejos de forma parabólica que concentran los rayos solares en una tubería que lleva un aceite térmico.

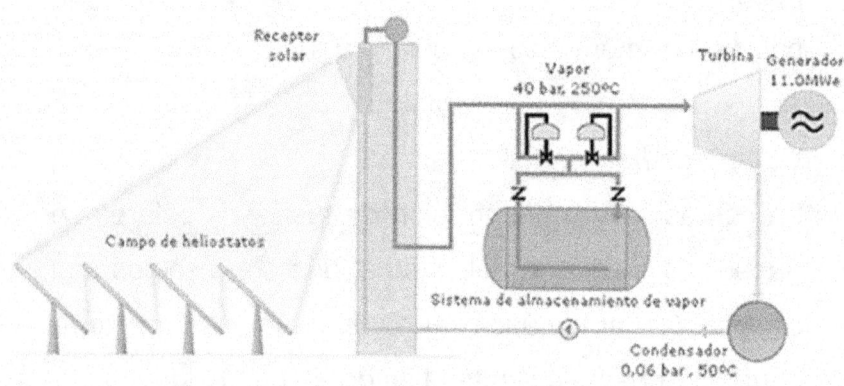

El fluido transmite el calor desde los colectores hasta un intercambiador de calor donde pasa sus calorías al agua, esta agua se evapora, formando vapor de agua caliente, que mueve una turbina-alternador de vapor que genera electricidad.

Energía solar eléctrica

Placas fotovoltaicas

La energía solar fotovoltaica es la energía obtenida por la radiación electromagnética del sol al convertirse la luz en energía eléctrica de corriente continua.

Las células fotovoltaicas Son dispositivos formados por metales sensibles a la luz (diodos semiconductores) que desprenden electrones cuando los fotones inciden sobre ellos. Cada célula es capaz de generar una corriente de 2 a 4 Amperios, a un voltaje de 0,46 a 0,48 Voltios. Hay que tener en cuenta que una sola célula produce poca electricidad, por lo que en cada módulo fotovoltaico se montan varias células en serie, y luego a mayor escala, estos módulos se agrupan de cara a formar un generador fotovoltaico, con el que se consigue una potencia y corriente suficiente para suministrar energía a las demandas que se requieran.

La corriente eléctrica continua que proporcionan los módulos fotovoltaicos se puede transformar en corriente alterna mediante un aparato electrónico llamado inversor e inyectar en la red eléctrica (para venta de energía) o bien en la red interior (para autoconsumo).

El proceso, simplificado, sería el siguiente:

Se genera la energía a bajas tensiones (380-800 V) y en corriente continua.

Se transforma con un inversor en corriente alterna.

En plantas de potencia inferior a 100 kW se inyecta la energía directamente a la red de distribución en baja tensión (400V en trifásico o 230V en monofásico).

Y para potencias superiores a los 100 kW se utiliza un transformador para elevar la energía a media tensión (15 o 25 kV) y se inyecta en las redes de transporte para su posterior suministro.

El rendimiento para producir energía eléctrica está actualmente entre el 12 – 25 %.

Impacto ambiental

No producen emisiones de dióxido de carbono ni contaminantes del aire atmosférico.

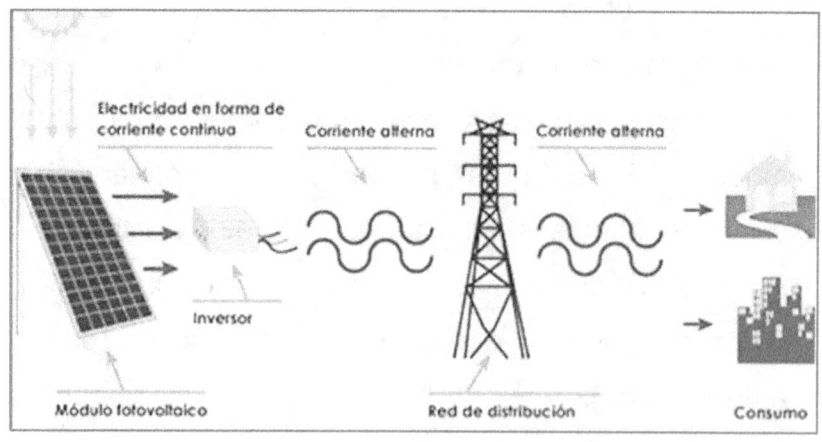

Energías Renovables Ing. *Miguel D'Addario*

Impacto visual cuando se trata de grandes instalaciones, pudiendo, además afectar al ecosistema.

Energía eólica

La energía eólica procede de la energía del sol (energía solar), ya que son los cambios de presiones y de temperaturas en la atmósfera los que hacen que el aire se ponga en movimiento, provocando el viento, que los aerogeneradores aprovechan para producir energía eléctrica a través del movimiento de sus palas (energía cinética).

Para poder utilizar la energía del viento, es necesario que este alcance una velocidad mínima que depende del aerogenerador que se vaya a utilizar pero que suele empezar entre los 3 m/s (10 km/h) y los 4 m/s (14,4 km/h), y que no supere los 25 m/s (90 km/h), velocidad llamada.

-Los aerogeneradores están formados por: palas (suelen ser tres), rotor, tren multiplicador de velocidad (caja de engranajes que convierte la baja velocidad de giro y alta potencia del eje principal en una mayor velocidad de giro a costa de la potencia), generador eléctrico (es donde el movimiento mecánico del rotor se transforma en energía eléctrica) y controlador electrónico (permite el control de la correcta orientación de las palas del rotor y también en caso de cualquier contingencia como sobrecalentamiento del aerogenerador lo para). El eje del rotor gira a velocidades de entre 22 y 64 r.p.m., según el modelo de aerogenerador y las condiciones de viento. Sin embargo, un motor estándar de generación eléctrica necesita velocidades de giro de entorno a las 1500 r.p.m., por lo que es necesario un multiplicador que aumente la velocidad de giro transmitida.

-Aeroturbinas de eje vertical: Sus principales ventajas son que no necesita un sistema de orientación y que el generador y tren multiplicador, son instalados a ras de suelo, lo que facilita su mantenimiento y disminuyen sus costes de montaje. Sus desventajas frente a otro tipo de aerogeneradores son sus menores eficiencias. Las palas de este aerogenerador están girando en un plano paralelo al suelo.

-Aeroturbinas de eje horizontal: tienen una mayor eficiencia energética y alcanzan mayores velocidades de rotación por lo que necesitan un trende engranajes con menor relación de multiplicación de giro, además debido a la construcción elevada sobre torre aprovechan en mayor medida el aumento de la velocidad del viento con la altura.

Llevan el tren de potencia en la parte superior junto al eje de giro de la turbina eólica. Las palas de este aerogenerador están girando en un plano perpendicular al suelo.

De potencia media o baja P< 50 KW

De potencia alta P> 50 KW

Potencia y energía

$$PV = 0{,}37 \cdot S \cdot v^3$$

Pv = potencia teórica del viento (W)

S = $\pi \cdot r^2$ = superficie barrida por las aspas al girar (m^2)

v = velocidad del viento (ms)

$$E = P \cdot t$$

Rendimiento

El rendimiento actual en una instalación moderna está en torno al 50%.

Impacto ambiental

No producen emisiones de dióxido de carbono ni contaminantes del aire atmosférico.

Impacto visual cuando se trata de grandes instalaciones, pudiendo, además afectar al ecosistema (principalmente a las aves).

Energía de la Biomasa

El término biomasa se refiere a toda la materia orgánica que proviene de árboles, plantas y desechos de animales que pueden ser convertidos en energía; o las provenientes de la agricultura (residuos de maíz, café, arroz), del aserradero (podas, ramas, aserrín, cortezas) y de los residuos urbanos (aguas negras, basura orgánica y otros.

El aprovechamiento de la energía de la biomasa se hace directamente (por ejemplo, por combustión), o por transformación en otras sustancias que pueden ser aprovechadas más tarde como combustibles o alimentos.

Por su naturaleza, la biomasa tiene una baja densidad relativa de energía; es decir, se necesitan grandes volúmenes para producir potencia, en comparación con los combustibles fósiles.

Por eso, es necesario transformarla en un combustible de mayor poder calorífico.

-Extracción directa: Se basa en el hecho de la existencia de ciertas especies vegetales que producen en su metabolismo hidrocarburos o compuestos muy hidrogenados, con un poder calorífico elevado. Su obtención se lleva a cabo mediante la extracción (aplastamiento) y añadiéndoles ciertos compuestos químicos.

Al combustible obtenido se le conoce como biocombustible. Algunas de las plantas a partir de las que se obtiene son la palma, el girasol y la soja. A partir de ellas se obtiene etanol y metanol, que se emplea para motores de combustión interna.

Proceso de transformación de la biomasa seca
Procesos termoquímicos

-Combustión: El proceso se lleva a cabo con aire abundante. Al quemar la biomasa en presencia de oxígeno, se desprende calor; éste puede emplearse directamente en viviendas, granjas, industrias, etc. Incluso la biomasa, previamente prensada en forma de briquetas, puede servir como sustituto del carbón o del petróleo en las centrales térmicas, sin más que realizar pequeños cambios en la instalación. La biomasa seca da unos rendimientos muy altos, sin embargo, conforme va aumentando el grado de humedad de la biomasa, se reduce notablemente su rendimiento.

Gasificación

cuando la combustión se hace con poco aire, se produce CO, CO_2, H_2 y metano. A esta mezcla se le denomina gas pobre. Se utiliza en algunos motores.

Cuando se emplea como comburente oxígeno puro, el resultado es una mezcla de CO, H_2 e hidrocarburos, que se denomina gas de síntesis. Lo importante de este gas es que se tiene la posibilidad de transformarlo en combustible líquido (metanol y gasolina).

-Pirolisis: si la combustión se realiza en ausencia de aire, la materia orgánica se descompone debido al calor.

Se obtienen hidrocarburos, alcoholes, carbón y alquitrán.

Proceso de transformación de la biomasa húmeda
Procesos bioquímicos

Son procesos que tienen lugar en presencia de microorganismos.

-Fermentación alcohólica: cualquier producto que contenga azúcares y almidón se puede transformar en alcohol etílico, mediante la acción de levaduras y hongos. Puede usarse como carburante en motores en sustitución de la gasolina.

-Fermentación anaerobia: tiene lugar en ausencia de oxígeno y mediante la acción de determinadas bacterias. Se obtiene un biogás (metano y CO_2).

Puede usarse como carburante en motores o como combustible para la obtención de calor.

Impacto ambiental

Producen emisiones de dióxido de carbono monóxido de carbono y humus.

Energía geotérmica

La energía geotérmica es aquella energía que puede obtenerse mediante el aprovechamiento del calor del interior de la Tierra.

Tipos:

La energía geotérmica se puede utilizar para climatizar y obtener agua caliente sanitaria de forma ecológica. La climatización geotérmica cede o extrae calor de la tierra, según queramos obtener refrigeración o calefacción, a través de un conjunto de colectores enterrados en el subsuelo por las que circula una solución de agua con glicol. La climatización geotérmica funciona de la siguiente manera: para refrigerar un edificio en verano, el sistema geotérmico transmite el calor excedente del interior de la edificación al subsuelo. Por otra parte, en invierno el equipo geotérmico permite calentar un edificio con el proceso inverso: extrayendo calor del suelo para transmitirlo a la edificación por medio de los colectores.

Producción de energía eléctrica

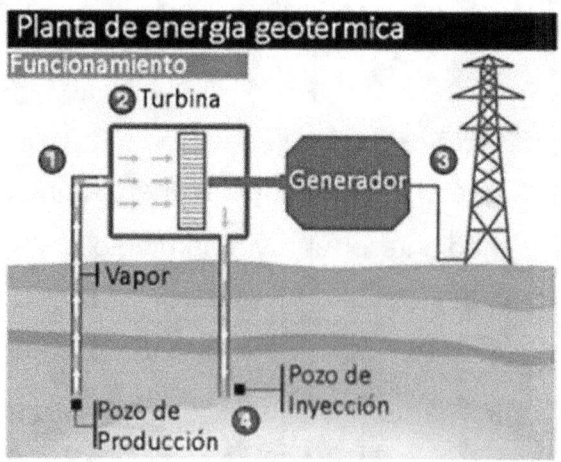

La conversión de la energía geotérmica en electricidad consiste en la utilización de un vapor, que pasa a través de una turbina que está conectada a un generador, produciendo electricidad. El principal problema es la corrosión de las tuberías que transportan el agua caliente.

Impacto ambiental
Impacto visual cuando se trata de grandes instalaciones, pudiendo además afectar al ecosistema.

Energía mareomotriz
La energía mareomotriz se produce gracias al movimiento generado por las mareas, esta energía es aprovechada por turbinas, las cuales a su vez mueven la mecánica de un alternador que genera energía eléctrica, finalmente este último está conectado con una central en tierra que distribuye la energía hacia la comunidad y las industrias.

Impacto ambiental
No tienen apenas impacto ambiental.

Residuos sólidos urbanos
Los residuos sólidos urbanos son aquellos desperdicios, generados por la actividad doméstica en la población.

Las formas de obtener energía son:

-Incineración: quema de residuos para obtener calor que se puede usar para producir electricidad en una central térmica. El calor también se puede utilizar para calefacción.

-Fermentación de residuos orgánicos: para obtener un biogás que se puede emplear como combustible

Impacto ambiental

Producen emisiones de dióxido de carbono y contaminación del aire atmosférico.

Energías Renovables   Ing. *Miguel D'Addario*

Ejercicio 6

1. Calcula la potencia real de una central hidroeléctrica (en CV y en KW), si el salto de agua es de 15 m, la turbina que emplea es Kaplan de rendimiento 94% y el caudal es de 19 m³/s.

Resultado:

Pr = 0,94 x 2793000 = 2625420 W = 3567 CV

2. Determina la energía producida (en MWh) en una central hidroeléctrica de turbina Pelton con rendimiento del 90%, en el mes de marzo, si el salto de agua es de 120 m y el caudal es de 2,75 m³/s.

Resultado:

Pt = 1000 x Q. g .h =

1000. 2,75 x 9,8 x 120 = 3234000 W

3. Una central hidroeléctrica tiene un salto de 240m y una potencia útil de 200 MW con seis turbinas. La central funciona 9 horas diaria.

Calcula:

a) La potencia útil de cada turbina

b) El caudal de cada turbina suponiendo que no haya pérdidas

c) La energía anual generada en MWh

d) Si el rendimiento de las turbinas es del 90%, calcula el caudal real de cada turbina.

Resultado:

Pr = 33300000 W

Q = 14,16 m³/s

Er = 657000 MWh

Q = 15,73 m³/s

4. Calcula la cantidad de calor (en Kcal) que habrá entrado en una casa durante el mes de agosto si tiene una cristalera de 3 x 2 m y no se han producido pérdidas en el vidrio.

K = 950 W/m² y considera 10 horas de sol al día.

Resultado: Et = 1521818 Kcal

5. Se dispone de una placa fotovoltaica de 60 x 30 cm cuyo rendimiento es del 20%.

Determina la cantidad de energía eléctrica (Wh) que generará, para acumular en una batería, si la placa ha estado funcionando durante 8 horas, siendo el coeficiente de radiación de 0,9 cal/min.cm².

Resultado: Ee = 3,01 Wh

6. Se instala un panel fotovoltaico para conseguir una potencia útil de 75000 W. Suponiendo que la densidad de radiación sea de 1000 W/m² y el rendimiento del panel es del 18 %, calcula la superficie del panel necesario.

Resultado: S = 416 m²

7. Se desea instalar un conjunto de paneles solares para abastecer una vivienda con un consumo estimado de 525 KWh mensuales. Calcula la superficie de panel necesario suponiendo una constante de radiación de 1250 w/m², un aprovechamiento solar diario de 5 horas y un rendimiento de la instalación del 25 %.

Resultado: S = 11,2 m²

8. Un colector solar plano tiene una superficie de 4m² debe calentar agua para uso doméstico.

Sabiendo que el coeficiente de radiación solar K=0,9 cal/min.cm² y que el consumo de agua es constante a razón de 6 l/minuto, determina el aumento de temperatura del agua si está funcionando durante 2 horas.

El agua inicialmente está a 8°C y no hay pérdidas de calor.

Resultado: Tf = 14 °C

9. Calcula la potencia útil aprovechada por la hélice de un aerogenerador de 20m de diámetro cuando el viento sopla a 15 m/s si su rendimiento es de 0,35.

Resultado: Pu = 137307 W

10: Un aerogenerador tiene una potencia de 5000W y una curva de rendimiento dibujada en el gráfico siguiente. El diámetro de la hélice es de 5,9 m. Averigua:

a) El % de la energía del viento que aprovecha cuando gira a 9 m/s

b) La potencia que suministra con un viento de 24 Km/h

c) Los KWh que suministrará diariamente en una zona con vientos medios de 7 m/s.

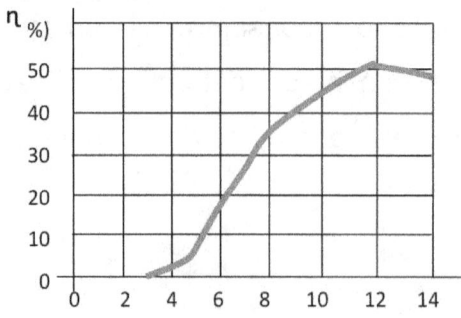

Resultado:

a) Según el gráfico es un Rendimiento de 42%

b) Viendo el gráfico un Rendimiento del 24%

Pu = 720,41 W

c) Mirando el gráfico un Rendimiento de 25%

E = 20,8 KWh.

11. Explicar el funcionamiento del sistema solar térmico siguiente:

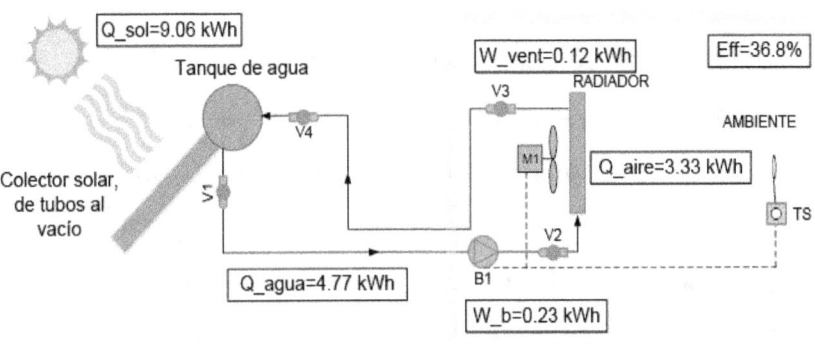

Ejercicio 7

1. ¿A qué se refiere el término revolución energética? ¿Cuántas se han producido?

2. ¿Cuál es la duración estimada de las reservas energéticas no renovables?

3. Explica con tus palabras qué se entiende por derroche energético.

4. Observa la evolución del consumo de energía final en España en los últimos años. ¿Cuál es la energía cuyo consumo más ha crecido? ¿Y la que menos?

5. ¿Es correcto afirmar que el consumo energético tiene impactos negativos sobre el medio ambiente? ¿Por qué?

6. ¿Cuál es el sector que más energía final consume en España?

7. Averigua la cantidad de CO_2 que se emite por cada kWh de electricidad que se produce.

8. ¿Qué incremento ha experimentado el consumo de electricidad en la Región de Murcia entre 2002 y 2008? ¿Cuáles son los dos sectores que consumen más electricidad?

9. ¿Qué ventajas tiene el ahorro energético? ¿Ahorrar energía supone una pérdida en la calidad de vida? Explica tu respuesta.

10. ¿Qué significa que un electrodoméstico es más eficiente que otro? ¿Cómo se identifican los aparatos más eficientes?

11. Una bombilla convencional (filamento) está encendida 5 horas al día. Su potencia es de 100W, y cuesta 0,6 €. La queremos sustituir por una de bajo consumo equivalente (20W) que cuesta 9 €, calcula:
a) ¿Cuánto dinero ahorramos al cabo de un año? Suponemos que el kWh cuesta 0,14 €
b) La lámpara de filamento tiene una vida útil de 1000 h, y la de bajo consumo 8000h.
¿Cuánto dinero ahorramos en conjunto?
c) ¿Cuánto CO_2 hemos dejado de emitir a la atmósfera durante toda la vida útil de la lámpara?

12. Si un frigorífico de clase D (200 W) funciona al año unas 7000 horas, averigua:

a) Ahorro que conseguiremos si lo sustituimos por otro de clase A+. Precio de la electricidad: 0,14 €/kWh

b) Ahorro obtenido a lo largo de su vida útil (15 años)

c) ¿En cuánto se han reducido las emisiones de CO_2 en todo ese tiempo?

13. Busca información (consulta las guías de ahorro de IDAE o ARGEM) sobre cómo se reparte el consumo eléctrico en el hogar. Elabora, utilizando Excel, un gráfico circular.

14. Busca información sobre medidas de ahorro energético en el hogar. Sugiere 5 cosas sencillas que puedes hacer en tu hogar para ahorrar energía.

15. Señala cinco medidas que puedas aplicar tú (o tus padres) para reducir el consumo de energía en el transporte.

Energía en el medio ambiente

Generación, transporte y distribución de electricidad

La corriente eléctrica se produce en los alternadores de las centrales eléctricas. Desde allí y a través de conductores se transporta hasta los puntos de consumo. El funcionamiento de los alternadores se basa en que cuando un conductor eléctrico se mueve en presencia de un campo magnético, aparece en su interior una corriente eléctrica aprovechable. El alternador es capaz de transformar movimiento en electricidad. Para poder mover el alternador lo conectamos a una turbina a la que un fluido o el aire la hace girar a gran velocidad. Este es el principio de funcionamiento de casi todas las centrales eléctricas (térmicas, eólicas, hidráulicas, nucleares).

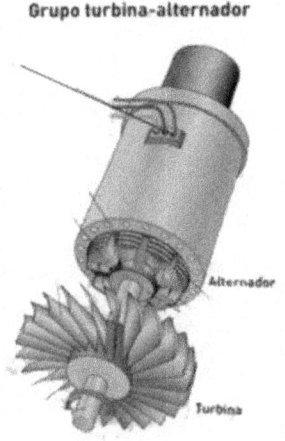

Grupo turbina-alternador

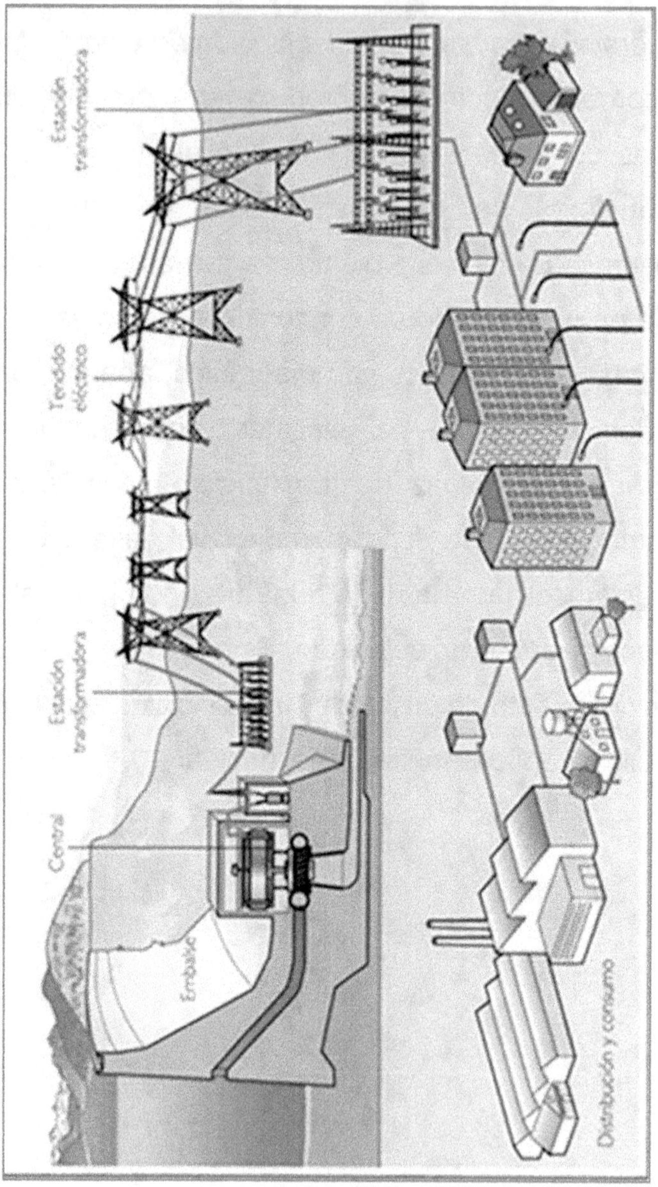

Energías Renovables Ing. *Miguel D'Addario*

Esquema de instalación eléctrica

Central eléctrica: es una instalación capaz de convertir la energía mecánica, obtenida mediante otras fuentes de energía primaria (hidráulica, térmica, nuclear, etc.), en energía eléctrica.

Para realizar la conversión de energía mecánica en eléctrica, se emplean unos generadores (alternadores) donde se produce la electricidad. Los generadores de una central eléctrica suministran tensiones entre 15.000 y 50.000 voltios.

Transformadores que elevan el voltaje de la corriente eléctrica para poder ser transportada con las menores pérdidas posibles. Elevan la tensión entre 220.000 y 400.000 voltios, para que al transportar la corriente la pérdida de energía sea mínima

$$P = U \times I$$

Líneas de transporte o alta tensión. Se caracterizan por el tamaño de las torres, grandes estructuras metálicas, donde van sujetos grandes tramos de cables conductores, normalmente de cobre, aluminio o acero. Subestaciones o centros de transformación, donde se rebaja la tensión o voltaje al llegar cerca de las poblaciones, hasta niveles de media tensión. Se reduce el voltaje a valores que oscilan entre los

132.000 a los 20.000 voltios para que la corriente pueda ser transferida posteriormente a las líneas de distribución o líneas de baja tensión.

Líneas de distribución o de baja tensión. Transportan la electricidad de las subestaciones o los transformadores finales a la industria y a la población.

Transformadores que bajan el voltaje al nivel utilizado por los consumidores. Normalmente las viviendas reciben una tensión entre 220 y 240 voltios y la industria 380 V.

Cogeneración

La cogeneración es el procedimiento mediante el cual se obtiene simultáneamente energía eléctrica y energía térmica útil (por ejemplo: vapor, agua caliente, aire caliente), aprovechando la energía térmica sobrante en las turbinas de una central eléctrica. En una central eléctrica tradicional los humos salen directamente por la chimenea, mientras que en una planta de cogeneración los gases de escape se enfrían transmitiendo su energía a un circuito de agua caliente/vapor. Una vez enfriados los gases de escape pasan a la chimenea. La gran ventaja de la cogeneración es la eficiencia energética que se puede obtener. Por eficiencia energética entendemos la energía útil que obtenemos sobre la energía entregada por el combustible utilizado.

Al generar electricidad con un motor generador o una turbina, el aprovechamiento de la energía en el combustible es del 25% al 35%, lo demás se pierde. Al cogenerar se puede llegar a aprovechar el 70% al 85% de la energía que entrega el combustible.

Este procedimiento tiene aplicaciones tanto industriales como en ciertos edificios singulares en los que el vapor puede emplearse para la obtención de agua caliente sanitaria como, por ejemplo, ciudades universitarias, hospitales, etc.

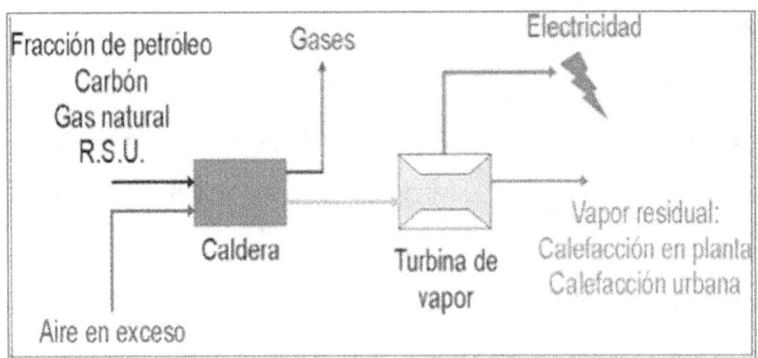

Central de ciclo combinado

Es una central en la que la energía térmica del combustible es transformada en electricidad mediante dos ciclos termodinámicos: el correspondiente a una turbina de gas y el convencional de una turbina de vapor de agua. La turbina de gas consta de un compresor de aire que comprime el aire a alta presión y luego lo mezcla con el gas. En el interior de una cámara se produce la combustión del combustible con altas temperaturas. A continuación, los gases de combustión se conducen hasta la turbina de gas (2) para su expansión. La energía se transforma, a través de las hélices, en energía mecánica de rotación que se transmite a su eje. para mover el generador eléctrico (4), que está acoplado a la turbina de gas para la producción de electricidad. La temperatura de entrada de los gases a la turbina alcanza unos 1.300°C, y salen de la turbina a unos 600°C. Por tanto, para aprovechar la energía que todavía tienen, se conducen a la caldera de recuperación (7) para su utilización. En la caldera de recuperación, los gases de escape de la turbina de gas transfieren su energía a un fluido, que en este caso es el agua, que circula por el interior de los tubos para su transformación en vapor de agua. A partir de este momento se pasa a un ciclo convencional de vapor/agua. Por consiguiente, este vapor se expande en una turbina de vapor (8) que acciona, a través de su eje, el rotor de un generador eléctrico (9) que, a su vez, transforma la energía mecánica rotatoria en electricidad de media tensión y alta intensidad. A fin de disminuir las pérdidas de transporte, al igual que ocurre con la electricidad producida en el generador de la turbina de gas, se eleva su tensión en los transformadores (5), para ser llevada a la red general mediante las líneas de transporte (6). El vapor saliente de la turbina pasa al condensador (10) para su licuación mediante agua fría que proviene de un río o del mar. El agua de refrigeración se devuelve posteriormente a su origen, río o mar (ciclo abierto), o se hace pasar a través de torres de refrigeración (11) para su enfriamiento, en el caso de ser un sistema de ciclo cerrado.

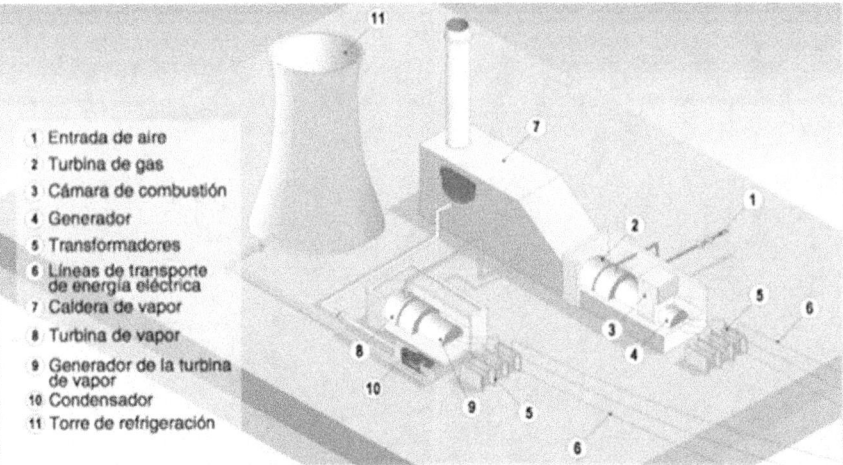

1 Entrada de aire
2 Turbina de gas
3 Cámara de combustión
4 Generador
5 Transformadores
6 Líneas de transporte de energía eléctrica
7 Caldera de vapor
8 Turbina de vapor
9 Generador de la turbina de vapor
10 Condensador
11 Torre de refrigeración

El desarrollo actual de esta tecnología tiende a acoplar las turbinas de gas y de vapor al mismo eje, accionando así conjuntamente el mismo generador eléctrico.

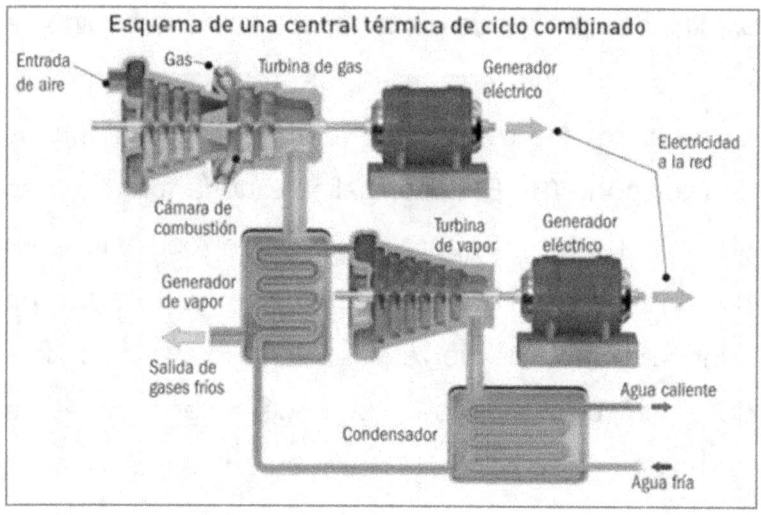

Formas de la energía

El ser humano necesita energía para realizar cualquier actividad, para mantener sus constantes vitales, mandar órdenes al cerebro a través de los nervios, renovar sus células, etc.

Además de la energía necesaria para el funcionamiento de su cuerpo, tiene que cubrir sus necesidades de alimentación, calefacción, etc.

Para los hombres primitivos, el disponer solamente de la energía obtenida a través de la alimentación, limitaba sus posibilidades de desarrollo y subsistencia. Con el paso del tiempo, fue aprendiendo de la naturaleza y aplicando algunos recursos de ella, como el descubrimiento del fuego, con lo que consiguió un mayor bienestar. Creó diversos utensilios y herramientas como palancas, planos inclinados, etc., que le hicieron más fácil la realización de los trabajos.

También utilizó animales domésticos, para ayudarle a realizar distintas labores, máquinas de pequeña potencia (poco trabajo en un determinado tiempo) y rendimiento bajo. Con el paso del tiempo, y el desarrollo industrial se empezaron a aplicar nuevas fuentes de energía, tales como los combustibles fósiles, y otras fuentes ya conocidas desde la antigüedad, como el viento, la madera, el agua, etc.

Se consiguió transformar energía en otra forma más adecuada por medio de mecanismos y útiles.

Al conjunto de estas piezas y mecanismos, que transforma una energía en otra, se denomina máquina.

En el mundo actual, y debido al alto bienestar de las sociedades desarrolladas, el consumo de energía es elevado; nos desplazamos en vehículos que aprovechan la energía térmica o eléctrica; la cocción de alimentos necesita calor que procede de algún gas o de la energía eléctrica y, como éstas, existen innumerables aplicaciones donde la energía está presente.

Energía

Se define la energía, como la capacidad para realizar un cambio en forma de trabajo.

Se mide en el sistema internacional en Julios (J), que se define como el trabajo que realiza una fuerza de 1N cuando se desplaza su punto de aplicación 1m.

Existen otras unidades de energía

Caloría: Se usa como unidad de medida del calor y se define como la cantidad de calor necesaria para elevar la temperatura de un gramo de agua desde 14,5°C a 15,5°C.

1 cal = 4,18 J

Kilovatio-hora (kWh): Se usa como unidad de medida de la energía eléctrica. Es la energía consumida o desarrollada por una máquina de 1 Kilovatio de potencia durante una hora. 1 kWh = 1000 Wh = 1000 Wh · 3600 s/h = 3600·1000 J = $3'6 \cdot 10^6$

1J = 1w·s

Electronvoltio (eV): Se utiliza en física nuclear y se define como la energía que adquiere un electrón cuando se mueve entre dos puntos con una diferencia de potencial de 1 voltio.

1eV = $1'602 \cdot 10^{-19}$ J

Kilopondímetro (kpm): Es el trabajo que realiza una fuerza de 1kp cuando se desplaza su punto de aplicación una distancia de 1 metro en su misma dirección.

$$1 \text{ kpm} = 9{,}8 \text{ J}$$

Existen otras unidades que se usan para calcular la calidad energética de los combustibles. Estas unidades están basadas en el poder calorífico de estos combustibles. Las más utilizadas son:

Tep: Toneladas equivalentes de petróleo. Energía liberada en la combustión de 1 tonelada de crudo.

$$1 \text{ tep} = 41'84 \cdot 10^9 \text{ J}$$

Tec: Toneladas equivalentes de carbón. Energía liberada por la combustión de 1 tonelada de carbón (hulla).

$$1 \text{ tec} = 29'3 \cdot 10^9 \text{ J}$$

La equivalencia entre tep y tec es:

$$1 \text{ tep} = 1'428 \text{ tec}$$

Kcal/kg: Calorías que se obtendrían con la combustión de 1 kg de ese combustible.

Trabajo

Se define como el producto de la fuerza aplicada sobre un cuerpo y el desplazamiento que éste sufre.

Si el objeto no se desplaza en absoluto, no se realiza ningún trabajo sobre él.

$$T = F \cdot d$$

Las unidades de trabajo y energía son las mismas.

Potencia

Es la cantidad de trabajo que realiza o consume una máquina por cada unidad de tiempo. Su unidad en el sistema internacional es el vatio (W)

$$P = Trabajo/tiempo = T/t$$

Una máquina de 1 W de potencia hace el trabajo de un Julio cada segundo. Otras unidades de potencia: El caballo de vapor (CV), siglas en inglés (HP).

$$1 \text{ CV} = 735 \text{ W}$$

Formas de Energía

La energía se manifiesta de múltiples formas en la naturaleza, pudiendo convertirse unas en otras con mayor o menor dificultad.

Entre las distintas formas de energía están:

-Energía mecánica, la cual se puede manifestar de dos formas diferentes.

a) Energía mecánica cinética: Es la energía que posee un cuerpo en movimiento.

$$Ec = \tfrac{1}{2}\, m \cdot v^2$$

Donde m es la masa del cuerpo que se mueve a velocidad v. Ejemplo: Un cuerpo de 10 kg que se mueve a una velocidad de 5 m/s, posee una energía cinética

$$Ec = \tfrac{1}{2}\, 10kg \cdot (5\ m/s)^2 = 125J$$

b) Energía mecánica potencial: Es la energía que posee un cuerpo en virtud de la posición que ocupa en un campo gravitatorio (potencial gravitatorio) o de su estado de tensión, como puede ser el caso de un muelle (potencial elástico).

Si un cuerpo de masa m está situado a una altura h, tendrá una energía potencial gravitatoria equivalente a

$$Ep = m \cdot g \cdot h$$

Donde g es la aceleración de la gravedad

$$g = 9'8\ m/s^2\ \text{(en la Tierra)}$$

Ejemplo: Un cuerpo de 10 kg de masa situado a 5 m de altura posee una energía potencial que vale

$$Ep = 20kg \cdot 9'8\ m/s^2 \cdot 5m = 980J$$

El agua de un embalse posee energía potencial almacenada, puesto que está situada a cierta altura respecto al punto inferior donde se sitúan las compuertas que liberan el agua.

-Energía térmica o calorífica: Es la energía asociada a la transferencia de calor de un cuerpo a otro. Para que se transfiera calor es necesario que exista una diferencia de temperatura entre los dos cuerpos.

El calor es energía en tránsito. Todos los materiales no absorben o ceden calor del mismo modo, pues unos materiales absorben el calor con mayor facilidad que otros. Ese factor depende del llamado calor específico del material Ce. Cada material tiene su propio calor específico. Ejemplo: Madera Ce = 0'6 cal/g°C y Cobre Ce = 0'094cal/g°C.

Esto significa que para que un gramo de madera suba su temperatura un grado debe absorber 0'6 cal y para que ocurra lo mismo para un gramo de cobre debe absorber 0'094 cal. El calor cedido o absorbido por un cuerpo cuando varía su temperatura:

$$Q = m \cdot Ce \cdot \Delta T$$

-Energía química: Es la energía que almacenan las sustancias químicas, la cual se suele manifestar en otras formas (normalmente calor) cuando ocurre una reacción química. Esta energía está almacenada, en realidad, en los enlaces químicos que existen entre los átomos de las moléculas de la sustancia. Los casos más conocidos son los de los combustibles (carbón, petróleo, gas). Se define el poder calorífico de un combustible como la cantidad de calor liberado en la combustión de una cierta cantidad del mismo. Se mide en kcal/kg. P. Ej.: el poder calorífico del carbón anda por las 9000 kcal/kg.

-Energía radiante: Es la energía que se propaga en forma de ondas electromagnéticas (luz visible, infrarrojos, ondas de radio, ultravioleta, rayos X), a la velocidad de la luz.

Parte de ella es calorífica. Un caso particular conocido es la energía solar.

-Energía nuclear: Es la energía almacenada en los núcleos de los átomos. Esta energía mantiene unidos los protones y neutrones en el núcleo. Cuando estos elementos se unen o dividen se libera. Se conocen dos tipos de reacción nuclear.

-Fisión nuclear: los núcleos de átomos pesados (como Uranio o Plutonio) se dividen para formar otros más ligeros. Este se emplea comercialmente.

-Fusión nuclear: Se unen núcleos ligeros para formar otros más pesados. Está en fase experimental.

-Energía eléctrica: Es la energía asociada a la corriente eléctrica, es decir, a las cargas eléctricas en movimiento. Es la de mayor utilidad por las siguientes razones:

-Es fácil de transformar y transportar

-No contamina allá donde se consuma

-Es muy cómoda de utilizar

Expresiones para la energía eléctrica

E = P x t donde P es la potencia (vatios) de la máquina que genera o consume la energía durante un tiempo (segundos) t.

E = V x I x t donde V es el voltaje (voltios), I es la intensidad de corriente eléctrica (Amperios).

Principios de conservación de la energía

Establece que la energía ni se crea ni se destruye, simplemente se transforma.

Aunque la energía no se destruye, no toda ella es aprovechable, pues una parte se desperdicia en cualquier proceso tecnológico.

Surge así el concepto de rendimiento de una máquina, como la relación que existe entre el trabajo útil que aprovechamos de la máquina y la energía que consume la máquina.

El rendimiento de una máquina se expresa en %.

η = Trabajo útil / Trabajo Total x 100

También puede expresarse en términos de potencia

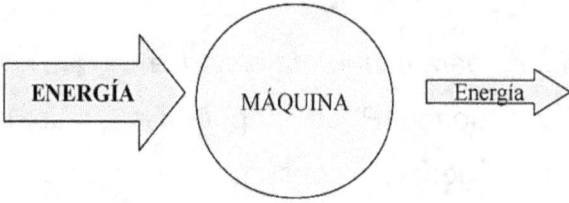

Fuentes de energía

Llamamos fuente de energía a aquellos recursos o medios naturales capaces de producir algún tipo de energía. La mayoría de las fuentes de energía, tienen su origen último en el Sol (eólica, solar). Únicamente la energía nuclear, la geotérmica y la de las mareas no derivan de él.

Las fuentes de energía se dividen en dos grupos
Renovables: Son aquellas que no se agotan tras la transformación energética No renovables: Son aquellas que se agotan al transformar su energía en energía útil.

RENOVABLES	NO RENOVABLES
Solar (térmica y fotovoltaica)	Combustibles fósiles (carbón, petróleo y gas natural)
Eólica	Nuclear
Océanos (mareas, mareomotriz, olas)	
Hidráulica	
Biomasa	
Geotérmica (puede considerarse dentro de las no renovables)	

Combustibles fósiles
Proceden de restos vegetales y otros organismos vivos (como plancton) que hace millones de años fueron sepultados por efecto de grandes cataclismos o fenómenos naturales y por la acción de

microorganismos, bajo ciertas condiciones de presión y temperatura.

El carbón

El primer combustible fósil que ha utilizado el hombre es el carbón. Representa cerca del 70% de las reservas energéticas mundiales de combustibles fósiles conocidas actualmente, y es la más utilizada en la producción de electricidad a nivel mundial. En España, sin embargo, la disponibilidad del carbón es limitada y su calidad es baja. Los principales yacimientos (hulla y antracita) se encuentran en Asturias y León. En Canarias no se utiliza como combustible. Es una sustancia fósil, que se encuentra bajo la superficie terrestre, de origen vegetal, generada como resultado de la descomposición lenta de la materia orgánica de los bosques, acumulada en lugares pantanosos, lagunas y deltas fluviales, principalmente durante el período Carbonífero. Estos vegetales enterrados sufrieron un proceso de fermentación en ausencia de oxígeno, debido a la acción conjunta de microorganismos, en condiciones de presión y temperatura adecuados. A medida que pasaba el tiempo, el carbón aumentaba su contenido en carbono, lo cual incrementa la calidad y poder calorífico del mismo.

Según este criterio, el carbón se puede clasificar en:
-Turba: es el carbón más reciente. Tiene un porcentaje alto de humedad (hasta 90%), bajo poder calorífico (menos de 4000 kcal/kg) y poco carbono (menos de un 50%). Se debe secar antes de su uso. Se encuentra en zonas pantanosas. Se emplea en calefacción y como producción de abonos. Tiene muy poco interés industrial debido a su bajo poder calorífico.
-Lignito: poder calorífico en torno a las 5000 kcal/kg, con más de un 50% de carbono (casi un 70%) y mucha humedad (30%). Se encuentra en minas a cielo abierto y por eso, su uso suele ser rentable. Se emplea en centrales térmicas para la obtención de energía eléctrica y para la obtención de subproductos mediante destilación seca.
-Hulla: tiene alto poder calorífico, más de 7000 kcal/kg y elevado porcentaje de carbono (85%). Se emplea en centrales eléctricas y fundiciones de metales. Por destilación seca se obtiene amoniaco, alquitrán y

carbón de coque (muy utilizado en industria: altos hornos).

-Antracita: es el carbón más antiguo, pues tiene más de un 90% de carbono. Arde con facilidad y tiene un alto poder calorífico (más de 8000 kcal/kg). La presión y el calor adicional pueden transformar el carbón en grafito. A través de una serie de procesos, se obtienen los carbones artificiales; los más importantes son el coque y el carbón vegetal.

-Coque: se obtiene a partir del carbón natural. Se obtiene calentando la hulla en ausencia de aire en unos hornos especiales.

El resultado es un carbón con un mayor poder calorífico.

-Carbón vegetal: se obtiene a partir de la madera. Puede usarse como combustible, pero su principal aplicación es como absorbente de gases, por lo que se usa en mascarillas antigás.

Actualmente su uso ha descendido.

-Yacimientos de carbón:

A cielo abierto o en superficie.

En ladera o poco profundo.

En profundidad, con galerías horizontales.

En profundidad, con galerías en ángulo.

-Producción mundial de carbón:

Su uso comenzó a adquirir importancia hacia la segunda mitad del siglo XVIII, siendo una de las bases de la Revolución Industrial.

Algunos de los principales productores son: China, EEUU, India.

-Combustión del carbón:

Cuando se produce la combustión del carbón, se liberan a la atmósfera varios elementos contaminantes, como son el dióxido de azufre, SO_2, óxidos de nitrógeno, NO y NO_2, y óxidos de carbono, CO y CO_2. Estos agentes contribuyen a la lluvia ácida y al efecto invernadero.

Actualmente, la tecnología ha avanzado lo suficiente como para eliminar estas emisiones casi en su totalidad, pero ello provoca un gran aumento en los costes de producción.

Ventajas y desventajas del uso del carbón

Ventajas	Desventajas
Se obtiene una gran cantidad de energía de forma sencilla, cómoda y regular.	Su extracción es peligrosa en cierto tipo de yacimientos
El carbón se suele consumir cerca de dónde se explota. Se ahorran costes de transporte	Al ser no renovable se agotará en el futuro
Seguro en su transporte, almacenamiento y utilización	Su combustión y extracción genera problemas ambiéntales. Contribuye al efecto invernadero, la lluvia ácida y alteración de ecosistemas.

Aplicaciones

Es la mayor fuente de combustible usada para la generación de energía eléctrica.

Es también indispensable para la producción de hierro y acero; casi el 70 % de la producción de acero proviene de hierro hecho en altos hornos con ayuda del carbón de coque.

El petróleo

Es un combustible natural líquido constituido por una mezcla de hidrocarburos (mezcla de carbono e hidrógeno). La mayor parte del petróleo que existe se formó hace unos 85 – 90 millones de años.

Su composición es muy variable de unos yacimientos a otros. Su poder calorífico oscila entre las 9000 y 11000 kcal/kg. Su proceso de transformación es similar al del carbón. Procede de la transformación, por acción de determinadas bacterias, de enormes masas de plancton sepultadas por sedimentos en áreas oceánicas en determinadas condiciones de presión y temperatura. El resultado es un producto más ligero (menos denso) por lo que asciende hacia la superficie, gracias a la porosidad de las rocas sedimentarias. Cuando se dan las circunstancias geológicas que impiden dicho ascenso (trampas petrolíferas como rocas impermeables) se forman entonces los yacimientos petrolíferos. Estos depósitos se almacenan en lugares con roca porosa y hay rocas impermeables (arcilla) a su alrededor que evita que se salga.

Yacimientos

Para detectarlos es necesario realizar un estudio geológico de la zona (por medio de ondas que sufren modificaciones en su trayectoria). Normalmente se encuentran bajo una capa de hidrocarburos gaseosos. Cuando se perfora y se llega a la capa de petróleo, la presión de los gases obliga al petróleo a salir a la superficie, por lo que suele inyectarse agua o gas para incrementar esta presión. Están a una profundidad de 15000 m. Entre los principales países productores de petróleo encontramos Arabia Saudita, EEUU, Venezuela, Kuwait, etc.

Transporte

-Oleoductos: tubos de acero protegidos de 80cm de diámetro que enlazan yacimientos con refinerías y puertos de embarque.

-Petroleros: buques cuyo espacio de carga está dividido por tabiques formando tanques.

-Transporte por ferrocarril y carretera: se emplea cuando ninguno de los métodos anteriores es rentable. Emplea vagones o camiones cisterna.

Refino del petróleo

El petróleo crudo carece de utilidad. Sus componentes deben separarse en un proceso denominado refino. Esta técnica se hace en unas instalaciones denominadas refinerías. Los componentes se separan en la torre de fraccionamiento calentando el petróleo.

En la zona más alta de la torre se recogen los hidrocarburos más volátiles y ligeros (menor temperatura) y en la más baja los más pesados (mayor temperatura).

Del refino del petróleo se extraen los siguientes productos, comenzando por aquellos más pesados, obtenidos a altas temperaturas en la parte más baja de la torre de fraccionamiento:

-Residuos sólidos como el asfalto: para recubrir carreteras.

-Aceites pesados: Para lubricar máquinas. (~ 360°C)

-Gasóleos: Para calefacción y motores Diesel.

-Queroseno: Para motores de aviación.

-Gasolinas: Para el transporte de vehículos. (20°C – 160°C).

-Gases: Butano, propano, como combustibles domésticos.

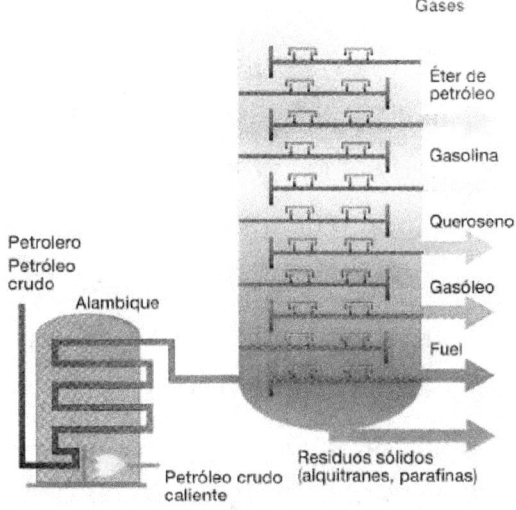

Esquema de una torre de fraccionamiento

Ventajas y desventajas del uso del petróleo

Ventajas	Desventajas
Produce energía de forma regular con buen rendimiento	Al ser no renovable, sus reservas disminuirán y su precio se encarecerá.
De él se obtienen diferentes productos	Su manipulación es peligrosa.
	Su combustión, extracción y transporte genera problemas ambiéntales (vertidos,…). Contribuye al efecto invernadero, la lluvia ácida y alteración de ecosistemas.

Combustibles gaseosos

Gas natural

Se obtiene de yacimientos. Consiste en una mezcla de gases que se encuentra almacenada en el interior de la tierra, unas veces aisladamente (gas seco) y en otras ocasiones acompañando al petróleo (gas húmedo). Su origen es semejante al del petróleo, aunque su extracción, es más sencilla. Consiste en más de un 70% en metano, y el resto es mayoritariamente, etano, propano y butano. Es un producto incoloro en inodoro, no tóxico y más ligero que el aire. Su poder calorífico ronda las 11000 kcal/m^3. Una vez extraído, se elimina el agua y se transporta empleando diversos métodos.

Para su transporte se emplea:

-Gasoductos: Tuberías por las que circula el gas a alta presión, hasta el lugar de consumo.

-Buques cisterna: En este caso, es necesario licuar primero el gas. De este modo, el gas se transforma de forma líquida. Al llegar al destino se regasifica. Se emplea como combustible en centrales térmicas, directamente como combustible (vehículos) y como combustible doméstico e industrial. El gas natural es la segunda fuente de energía primaria empleada en

Europa (representa un 20% del consumo) y está en alza. Algunos de los principales productores son Argelia, Libia, Irán, Venezuela. Su nivel de contaminación es bajo, comparado con otros combustibles, pues casi no presenta impurezas (algo de sulfuro de hidrógeno, H_2S, que se puede eliminar antes de llegar al consumidor) y produce energía eléctrica con alto rendimiento. Es limpio y fácil de transportar. El inconveniente está en que los lugares de producción están lejos de Europa, por lo que se necesitan los sistemas ya citados.

-Gas ciudad o gas de hulla. Se obtiene principalmente a partir de la destilación de la hulla. Su poder calorífico es de unas 4000 kcal/m^3. Es muy tóxico e inflamable, por lo que ha sido sustituido como combustible doméstico por el gas natural.

-Gases licuados del petróleo o gases GLP. Son el butano y el propano.

Se obtienen en las refinerías y poseen un poder calorífico que ronda las 25000 kcal/m^3.

Se almacenan en bombonas a grandes presiones en estado líquido.

-Gas de carbón. Se obtiene por la combustión incompleta del carbón de coque. Tiene un poder calorífico muy bajo, aproximadamente 1500kcal/m³ (gas pobre)

-Acetileno. Se obtiene a partir del enfriamiento rápido de una llama de gas natural o de fracciones volátiles del petróleo con aceites de elevado punto de ebullición. Es un gas explosivo si su contenido en aire está comprendido entre el 2 y el 82%. También explota si se comprime solo, sin disolver en otra sustancia, por lo que para almacenar se disuelve en acetona. Se usa básicamente en la soldadura oxiacetilénica.

Impacto ambiental del uso de los combustibles fósiles

-Carbón. Tanto la extracción (destrucción ecosistemas de la zona) como la combustión del carbón originan una serie de deterioros medioambientales importantes. El más importante es la emisión a la atmósfera de residuos como el óxido de azufre, óxido de nitrógeno y dióxido de carbono. Estos gases se acumulan en la atmósfera provocando los siguientes efectos:

-Efecto invernadero: La capa gaseosa que rodea a la Tierra tiene, entre otros, dióxido de carbono, metano y dióxido de azufre. Estos gases se conocen como gases invernadero y son necesarios para la existencia de la vida en el planeta. La radiación solar atraviesa la atmósfera, parte de ella se refleja en forma de radiación infrarroja y escapa nuevamente al espacio, permitiendo regular la temperatura en la superficie terrestre. Actualmente, y debido a la acción del ser humano, la presencia de estos gases se ha incrementado, lo que impide que salga una buena parte de la radiación infrarroja que reemite la Tierra, lo que provoca el calentamiento de la misma.

-Lluvia ácida: provocado por los óxidos de azufre y nitrógeno. Estos gases reaccionan con el vapor de agua y, en combinación con los rayos solares, se transforman en ácidos sulfúrico y nítrico, que se precipitan a la tierra en forma de lluvia.

Deteriorando:

-Bosques: y la consiguiente pérdida de fertilidad de la tierra.

-Ríos: dañando la vida acuática y deteriorando el agua.

-Patrimonio arquitectónico: pues ataca la piedra.

-Petróleo. La extracción de pozos petrolíferos y la existencia de refinerías, oleoductos y buques petroleros, ocasiona:

Energías Renovables Ing. *Miguel D'Addario*

-Vertidos: que afectan al suelo (pérdida de fertilidad) y al agua (que afecta a la vida marina, ecosistemas costeros).

-Influencia sobre la atmósfera: causando el efecto invernadero y la lluvia por las mismas razones antes expuestas. Además, el monóxido de carbono es sumamente tóxico.

-Gas natural. Influencia sobre la atmósfera con efectos similares a los casos anteriores, aunque en menor medida.

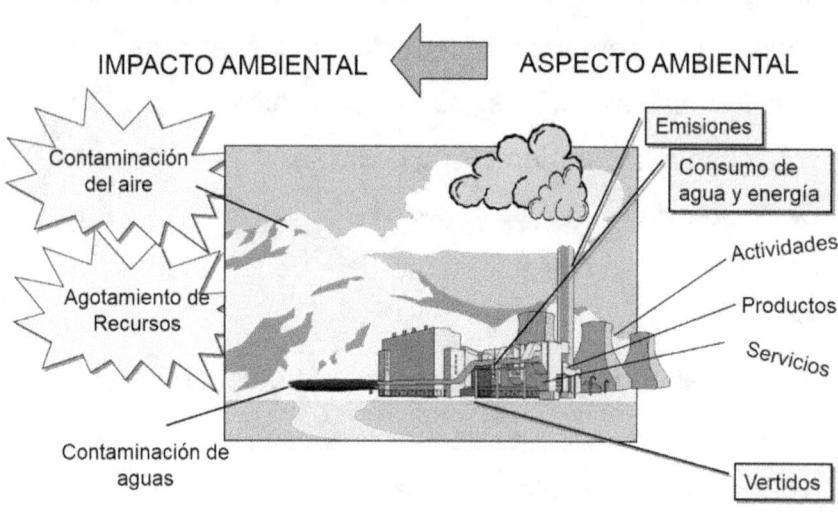

Energía eléctrica

En una de las formas de manifestarse la energía. Tiene como cualidades la docilidad en su control, la fácil y limpia transformación de energía en trabajo, y el rápido y eficaz transporte, son las cualidades que permiten a la electricidad ser "casi" lo energía perfecta. El gran problema de la electricidad es su dificultad para almacenaría. Si en estos momentos se pudiera condensar el fluido eléctrico con la misma facilidad con lo que se almacena cualquier otro fluido energético, por ejemplo, la gasolina, estaríamos ante una de las mayores revoluciones tecnológicos de nuestro tiempo.

La electricidad

Los fundamentos físicos de la electricidad se explican a partir del modelo atómico. La materia está compuesta por un conjunto de partículas ele mentales: electrones, protones y neutrones. Cuando un átomo tiene el mismo número de protones (cargas positivas) que de electrones (cargas negativas) es eléctricamente neutro. Es decir, la electricidad no se manifiesta, ya que las cargas de diferente signo se neutralizan. Los electrones de las capas más alejadas del núcleo, sobre todo de los átomos metálicos, tienen cierta facilidad para desprenderse. Cuando un átomo pierde electrones queda cargado positivamente y si, por el contrario, captura electrones, entonces queda cargado negativamente. Este es el principio por el que algunos cuerpos adquieren carga negativa (hay más electrones que protones) o adquieren carga positiva (hay más protones que electrones). Un cuerpo con carga negativa tiene predisposición a ceder electrones y un cuerpo con carga positiva tiene tendencia a capturarlos.

Por lo tanto, cuando se comunican dos cuerpos con cargas eléctricas distintas, mediante un material conductor de la electricidad, fluye una corriente eléctrica que no es otra cosa que la circulación de electrones. Por lo tanto, la corriente eléctrica circula desde el cuerpo cargado negativamente hacia el cuerpo positivo.

Producción de electricidad

Para que se produzca una corriente eléctrica es necesario que exista una diferencia de potencial o tensión eléctrica entre dos puntos. Dicha diferencia se puede conseguir por distintos procedimientos, aunque a nivel industrial, las forma más empleadas son:

–Por Inducción. Si se desplaza un conductor eléctrico en el interior de un campo magnético, aparece una diferencia de potencial en los extremos del mismo. Los generadores industriales de electricidad están basados en esta propiedad electromagnética.

–Por acción de la luz. Al incidir la luz sobre ciertos materiales aparece un flujo de corriente de cierta importancia. Las células fotovoltaicas aprovechan esta energía, tal como se ha visto en temas anteriores.

Centrales eléctricas

De todos estos procedimientos para la producción de electricidad, el más conveniente para transformar una energía mecánica en corriente eléctrica es el basado en el principio de inducción. A partir del principio de inducción surge la máquina denominada generador eléctrico o alternador. Así pues, el generador aprovecha transforma energía mecánica cinética en energía eléctrica. La energía cinética del agua que cae por la tubería de una central, el movimiento de las aspas de un aerogenerador o la presión que ejerce el vapor de una central térmica son fácilmente transformables en electricidad. Para ello, sólo es necesario acoplar un generador de electricidad, el cual, en esencia, no es más que un conjunto de conductores que se mueven en el interior de un campo magnético. El funcionamiento global de una central eléctrica es básicamente el mismo, sea ésta térmica, nuclear o hidroeléctrica. Simplemente, consiste en transformar la energía cinética del vapor o del agua en energía mecánica de rotación. De ello se encarga la turbina, que, al estar solidariamente unida al generador de electricidad, permite transformar movimiento en electricidad.

El condensador es un elemento que hace posible que el vapor de agua, a la salida de la turbina, se convierta en agua líquida, para volver a repetir el proceso de calentamiento en la caldera. Finalmente, el transporte de la electricidad interesa hacerlo a muy altas tensiones para reducir las pérdidas, por lo que debe elevarse la tensión de salida del generador varias decenas de veces. El transformador es el encargado de hacer esta última función.

La producción de energía eléctrica se realiza en centrales eléctricas, y debe ajustarse al consumo, dada la imposibilidad de almacenar la electricidad. La ubicación de las centrales de producción debe de estar lo más próxima posible a los centros de consumo, además, los centros de producción están interconectados entre sí para poder efectuar intercambios de energía desde las zonas excedentes de producción hacia aquellas en que la producción no cubre el consumo.

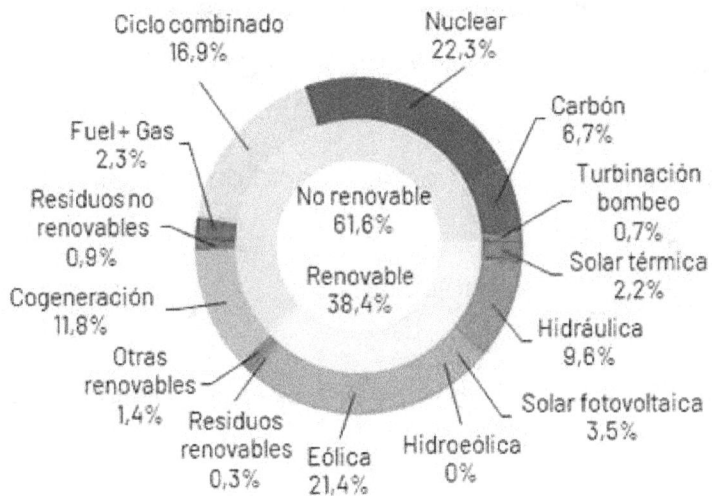

Energía solar

La energía solar es la que se aprovecha directamente de la radiación solar.

Algunos datos de interés:

Potencia del Sol = **4·10²⁶ W**

Energía del Sol que llega a la Tierra = **5,5·10²⁴ J/año**

Intensidad de radiación que llega en las capas altas de la atmósfera = **1'38 kW/m²**

Intensidad de la radiación que llega a la superficie terrestre ~ **900 W/m²**

¿De qué depende la incidencia del Sol?

-La hora.

-La inclinación de la Tierra respecto del Sol, variable a lo largo del año.

-Condiciones meteorológicas.

-Grado de contaminación.

¿De qué formas podemos aprovechar la energía del Sol?

-Aprovechando el calor (conversión térmica).

-Aprovechando la luz (conversión fotovoltaica).

La energía solar presenta dos características que la diferencian de las fuentes energéticas convencionales:

-Dispersión: su densidad apenas alcanza 1 kW/m², muy por debajo de otras densidades energéticas, lo que hace necesarias grandes superficies de captación o sistemas de concentración de los rayos solares.

-Intermitencia: hace necesario el uso de sistemas de almacenamiento de la energía captada.

El primer paso para el aprovechamiento de la energía solar es su captación, aspecto dentro del que se pueden distinguir dos tipos de sistemas:

-Pasivos: no necesitan ningún dispositivo para captar la energía solar, el aprovechamiento se logra aplicando distintos elementos arquitectónicos. Aquí, se introduce el concepto de arquitectura bioclimática con el diseño de edificaciones para aprovechar al máximo los recursos disponibles (sol, viento) reduciendo así, en lo posible, el consumo energético y minimizando el impacto ambiental.

-Activos: captan la radiación solar por medio de un elemento de determinadas características, llamado "colector"; según sea éste se puede llevar a cabo una conversión térmica aprovechando el calor contenido en la radiación solar (a baja, media o alta temperatura), o bien una conversión eléctrica, aprovechando la energía luminosa de la radiación solar para generar directamente energía eléctrica por medio del llamado "efecto fotovoltaico".

Utilización pasiva de la energía solar
Un diseño pasivo es un sistema que capta la energía solar, la almacena y la distribuye de forma natural, sin mediación de elementos mecánicos. Sus principios están basados en las características de los materiales empleados y en la utilización de fenómenos naturales de circulación del aire.

Los elementos básicos usados por la arquitectura solar pasiva son:
-Acristalamiento: capta la energía solar y retiene el calor igual que un invernadero.
-Masa térmica: constituida por los elementos estructurales del edificio o por algún material acumulador específico (agua, tierra, piedras). Tiene como misión almacenar la energía captada.
Las aplicaciones más importantes de los sistemas solares pasivos son la calefacción y la refrigeración. La refrigeración surge más bien como una necesidad de utilizar los sistemas de calefacción de forma continuada durante todo el año.

La integración de colectores de aire, la utilización de paredes internas como muros acumuladores de calor y la aplicación de ventiladores, aumentan la eficacia de los sistemas pasivos, y se les conoce como "híbridos", ya que utilizan ciertos sistemas mecánicos activos.

En los últimos años se han mejorado mucho los sistemas pasivos que permiten un considerable ahorro energético.

Utilización activa de la energía solar
1.- Conversión térmica.
Se basa en la absorción del calor del Sol. Si el cuerpo es negro, la absorción es máxima y el cuerpo se calienta y si es blanco refleja las radiaciones y el cuerpo no experimenta variación de temperatura.

La conversión térmica puede ser de tres tipos: de baja, media y alta temperatura.

-Conversión térmica de baja y media temperatura.

Se utilizan colectores, que absorben el calor del Sol y lo transmiten a un fluido (suele ser agua).

-Conversión térmica de baja temperatura.

Esta tecnología comprende el calentamiento de agua por debajo de su punto de ebullición. El conjunto de elementos para el suministro de agua caliente se conoce como "sistema solar activo de baja temperatura", distinguiéndose los siguientes subsistemas:

-Subsistema colector: Capta la energía solar y está formado por los colectores llamados también "placas solares", "captadores" o "paneles". Son planos, en forma de caja metálica, en la que se disponen una serie de tubos, pintados de color negro, por los que circula agua.

El interior del colector está pintado, de color negro mate. Así se logra máxima absorción. En la parte superior se dispone de un cristal que permite el paso de los rayos y hace de aislante térmico, induciendo un efecto invernadero artificial.

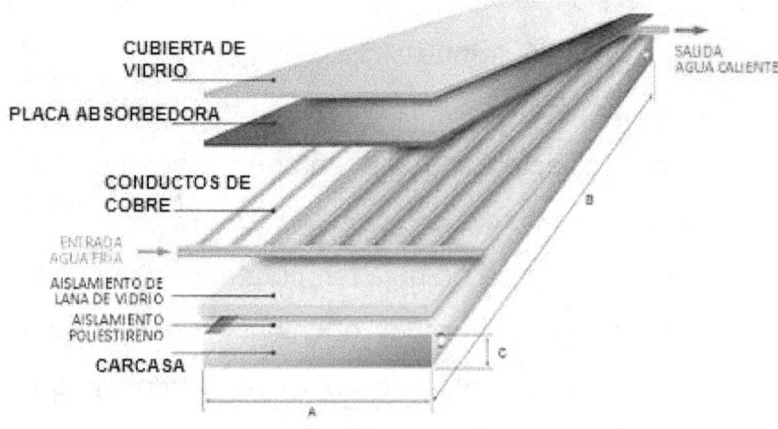

-Subsistema de almacenamiento: Depósitos que almacenan el agua caliente procedente de los paneles.

-Subsistema de distribución: Instalación de tuberías y accesorios que permite transportar el agua caliente desde el colector hasta los depósitos de almacenamiento y desde aquí a los puntos de consumo.

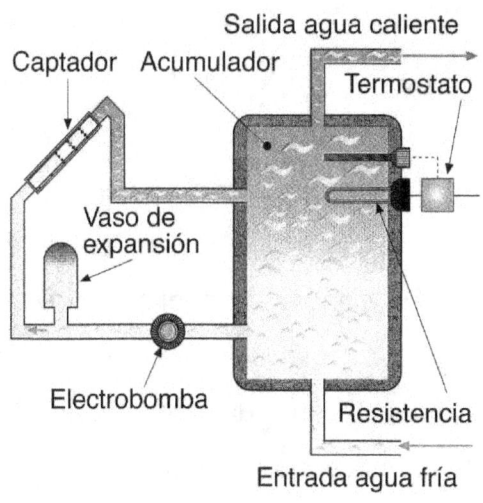

Es de destacar que los equipos solares de baja temperatura no garantizan la totalidad de las necesidades energéticas, por lo que necesitan de un equipo convencional de apoyo (calentadores eléctricos o a gas, etc.) que suplan la carencia de energía solar, fundamentalmente debido a las condiciones climatológicas.

-Conversión térmica a media temperatura.

Para obtener temperaturas superiores a los 100°C se debe concentrar la radiación solar, para lo que se pueden utilizar lentes o espejos. Canalizando la radiación hacia un punto o una superficie llamado "foco", éste eleva su temperatura muy por encima de la alcanzada en los colectores planos (200 a 500 °C).

Aunque la superficie que recibe los rayos concentrados puede tener cualquier forma dependiendo de la técnica usada, en la actualidad la solución más favorable para una concentración de tipo medio (temperaturas menores de 300 °C) es el "colector cilindro-parabólico". Este colector consiste en un espejo cilindro-parabólico que refleja la radiación recibida sobre un tubo de vidrio dispuesto en la línea focal. Dentro del tubo se vidrio están el absorbedor y el fluido portador del calor. Para que se puedan concentrar los rayos solares, estos colectores se montan igual que los planos, es decir, mirando al Sur (si estamos en el hemisferio norte) y con una inclinación igual a la latitud del lugar. Además, necesitan un dispositivo que vaya haciendo girar los espejos a lo largo del día, sincronizado con el movimiento aparente del Sol. Los colectores cilindro-parabólicos, aparte de poder operar a temperaturas superiores a las de los planos, tienen la ventaja de requerir depósitos de acumulación más pequeños y de tener menores superficies de absorción y menores pérdidas de calor. No obstante, son más caros. Aunque los colectores cilindro-parabólicos son aplicables en la misma gama de necesidades que los paneles planos, al poder desarrollar temperaturas considerablemente superiores tienen interesantes posibilidades de utilización industrial. Así, se están usando asociaciones de un cierto número de estos colectores en las llamadas "granjas solares", pudiendo ser utilizados para la producción de calor o electricidad. La energía así obtenida se aplica a procesos térmicos industriales, desalinización de agua de mar, refrigeración y climatización.

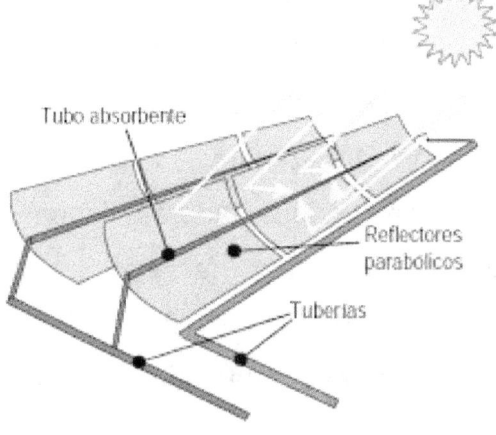

-Conversión térmica de alta temperatura.

a) Centrales solares: Para conversiones térmicas superiores a los 500 °C, encaminadas a la producción de energía eléctrica a gran escala, es necesario concentrar la radiación solar mediante grandes paraboloides (captadores parabólicos) o un gran número de espejos enfocados hacia un mismo punto. El sistema más extendido es el de receptor central, formado por un campo de espejos orientables, llamados "heliostatos", que concentran la radiación solar sobre una caldera situada en lo alto de una torre. El calor captado en el absorbedor es cedido a un fluido portador circulando en circuito cerrado y que, debido a las altas temperaturas que ha de soportar (superiores a 500 °C) suele ser sodio fundido o vapor de agua a presión. Este fluido primario caliente se hace pasar a un sistema de almacenamiento, para luego ser utilizado en un sistema de generación de vapor, que se alimenta a una turbina.

Esta actúa sobre un alternador, que permite obtener energía eléctrica. Los captadores tienen que estar constantemente orientados hacia el Sol, por lo que sus soportes han de ser móviles y cuentan con un sistema informático que determina de forma precisa la posición en cada momento del día.

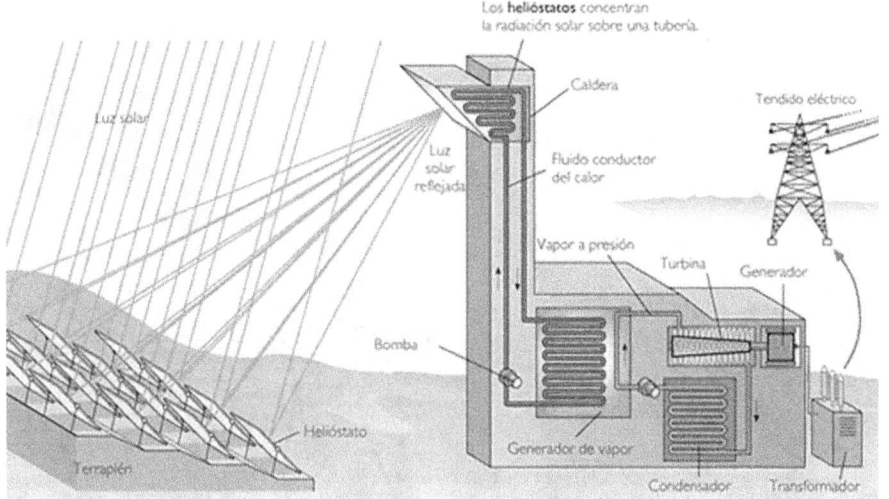

-Hornos solares: formados por un espejo parabólico que concentra en su foco los rayos provenientes de la reflexión de las radiaciones solares en un cierto número de espejos, llamados heliostatos, convenientemente dispuestos. Estos hornos permiten alcanzar temperaturas muy elevadas (hasta 6000 ºC). Suelen emplearse para generar energía eléctrica y con fines experimentales.

-Concentrador con motor Stirling: Un sistema de concentrador disco Stirling está compuesto por un concentrador solar y por un motor Stirling (motor que funciona por medio de calor en lugar de funcionar con combustibles) o una microturbina acoplada a un alternador. El funcionamiento consiste en el calentamiento de un fluido localizado en el receptor hasta una temperatura aproximada de unos 750° C. Esta energía se usa para la generación de energía por el motor.

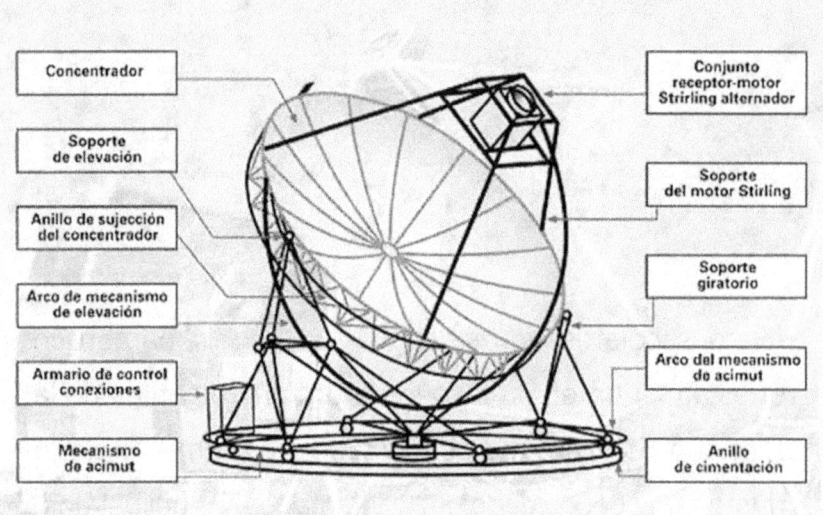

Conversión fotovoltaica

La conversión de la energía solar en energía eléctrica está basada casi por completo en el denominado "efecto fotovoltaico", o producción de una corriente eléctrica en un material semiconductor como consecuencia de la absorción de radiación luminosa.

La luz del Sol se transforma directamente en energía eléctrica en las llamadas células solares o fotovoltaicas, constituidas por un material semiconductor, como, por ejemplo, silicio. Al incidir luz (fotones) sobre estas células se origina una corriente eléctrica (efecto fotovoltaico), aunque el rendimiento de este proceso es muy pequeño, pues en el mejor de los casos sólo un 25% de la energía luminosa se transforma en eléctrica. Para obtener suficiente amperaje, se conectan varias de ellas en serie. Son los llamados módulos o paneles fotovoltaicos.

PARTES DE UN PANEL SOLAR FOTOVOLTAICO

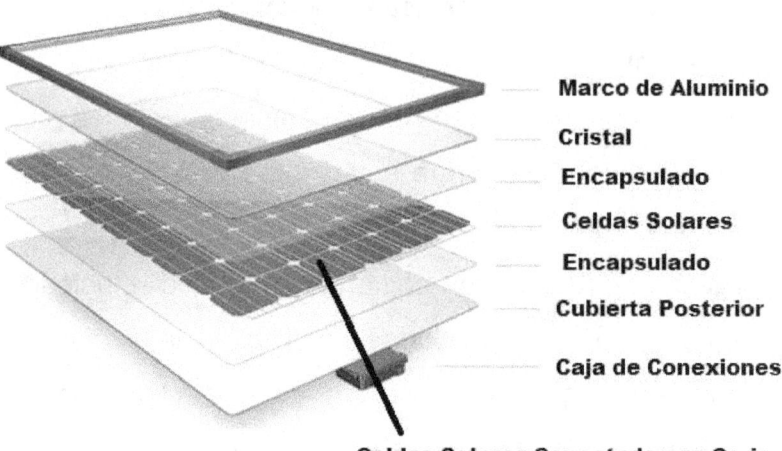

Las células del panel están protegidas por un cristal y se construyen de forma que se pueden unir con otros paneles. Las instalaciones fotovoltaicas han de ir provistas de acumuladores, capaces de almacenar la energía eléctrica no utilizada en forma de energía química. En algunos casos, también puede estar conectado en paralelo con la red, para emplear la energía de la misma cuando falte el Sol.

Aplicaciones

-Aplicaciones remotas: lugares donde sólo se prevé un pequeño consumo de electricidad (repetidores de radio y televisión, radiofaros, balizas, etc.), y en los que es necesario una acumulación a base de baterías

Usos rurales: instalaciones aisladas de la red general que no suelen requerir acumulación (riego, molienda, descascarillado, etc.).

-Autogeneración: centros de consumo conectados a la red, utilizando la energía solar como base y la de la red como complemento.

Grandes centrales: generación masiva de electricidad, sólo posible en condiciones favorables de evolución de la tecnología fotovoltaica, el coste de las fuentes energéticas convencionales y las condiciones climáticas. Es necesario destacar que los costes de las células fotovoltaicas siguen siendo altos en la actualidad, debido principalmente a la complejidad de la fabricación de las mismas. Es por ello que se siguen realizando importantes investigaciones respecto a la reducción de costes de las células, centrados en dos facetas fundamentales:

-Utilización de nuevos materiales: existen semiconductores con propiedades fotovoltaicas, cuyo coste de producción es mucho más bajo que el del silicio.

-Aumento de la radiación incidente: existen dos opciones al respecto; o utilizar células bifaciales, capaces de recibir la radiación solar por ambas caras, o utilizar concentración óptica por medio de lentes

Ventajas e inconvenientes

Ventajas	Inconvenientes
Energía limpia, pues no emite ningún tipo de residuo.	Las instalaciones exigen una gran superficie de suelo.
Fuente inagotable y gratuita de energía.	La radiación solar no es uniforme, pues su uso se limita a zonas de elevado número de horas de sol al año.
Compensan desigualdades: los países menos desarrollados disponen de ella y no necesitan importarla	El coste de las instalaciones es alto en relación a su rendimiento.
	Aunque es una energía limpia, producir y mantener los paneles fotovoltaicos es contaminante.
	Las instalaciones modifican el entorno inmediato, dada su magnitud.

Los semiconductores son sustancias, de conductividad eléctrica intermedia entre un aislante y un conductor, se clasifican en dos tipos: "tipo P" y "tipo N". Estas características se consiguen añadiendo impurezas que afectan a las propiedades eléctricas del semiconductor, proceso que se llama "dopado". Añadiendo al silicio impurezas de fósforo se consigue un semiconductor tipo N, mientras que añadiendo boro, se consigue un semiconductor tipo P. El alto grado de pureza necesario para la obtención de semiconductores será el motivo principal de su elevado coste. Un disco monocristalino de silicio dopado en su superficie expuesta al Sol hasta hacerla de tipo N y en su parte inferior de tipo P, constituye una "célula solar fotovoltaica", completada por unos contactos eléctricos adecuados para hacer circular la corriente eléctrica por el circuito exterior. Generalmente, conectando 36 de ellas y montándolas entre dos láminas de vidrio que las protegen de la intemperie, se obtiene un "módulo fotovoltaico", capaz de proporcionar una corriente continua de 18 V con una iluminación de 1 kW/m^2.

Una serie de módulos montados sobre un soporte mecánico constituyen un "panel fotovoltaico"; según se conecten dichos módulos en serie o en paralelo, puede conseguirse casi cualquier valor de tensión y de intensidad de corriente.

Tipos de energía solar fotovoltaica

La principal aplicación de una instalación de energía solar fotovoltaica es la producción de energía eléctrica a partir de la radiación solar. La producción de energía puede ser a gran escala para el consumo en general o a pequeña escala para consumo en pequeñas viviendas, refugios de montaña o sitios aislados. Principalmente se diferencian dos tipos de instalaciones fotovoltaicas:

Instalaciones fotovoltaicas de conexión a red

La energía que se produce se utiliza íntegramente para la venta a la red eléctrica de distribución.

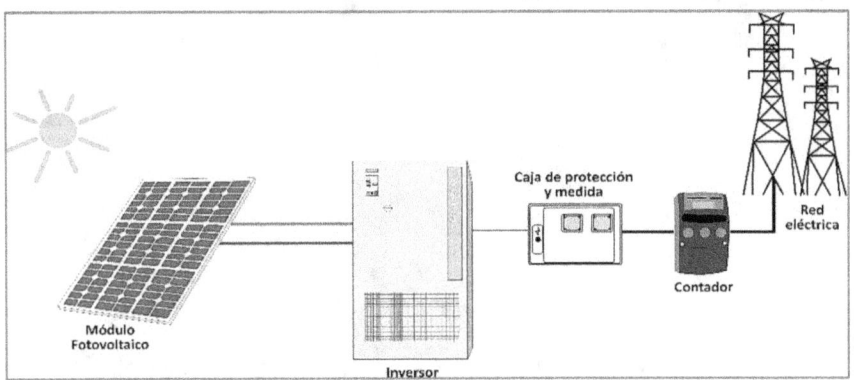

Instalaciones fotovoltaicas aisladas de red

Se utilizan para autoconsumo, ya sea una vivienda asilada, una estación repetidora de tele-comunicación, bombeo de agua para riego, etc.

Dentro de las aplicaciones de la energía fotovoltaica no conectada a la red encontramos en muchos ámbitos de la vida cuotidiana. La energía fotovoltaica se utiliza en pequeños aparatos como calculadoras, como para el alumbrado público en determinadas zonas, para elimenar motores electricos e incluso se han desarrollado automóbiles y aviones que funcionan exclusivamente aprovechando la radiación solar como fuente de energía.

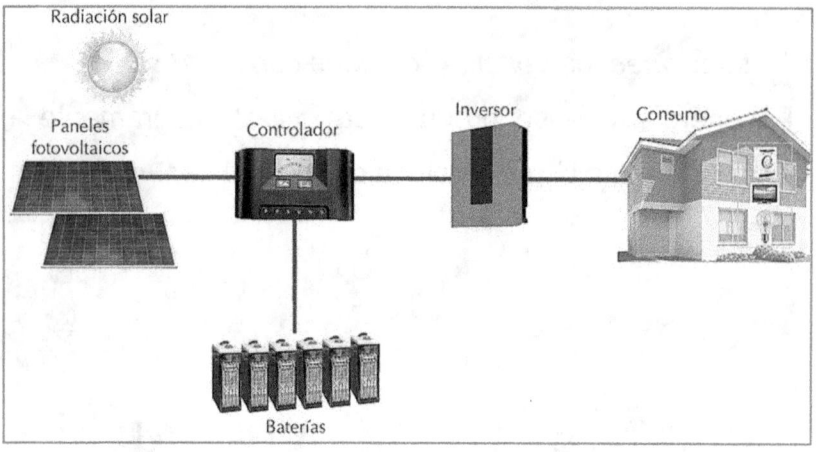

Dentro de las instalaciones fotovoltaicas conectadas a la red existen las plantas de energía solar fotovoltaica. Una planta de energía fotovoltaica, también un parque solar, es una gran planta de generación de energía, diseñada para la venta de su producción a la red eléctrica. También se le conoce como una granja

Energías Renovables Ing. *Miguel D'Addario*

solar, especialmente si está ubicada en áreas agrícolas.

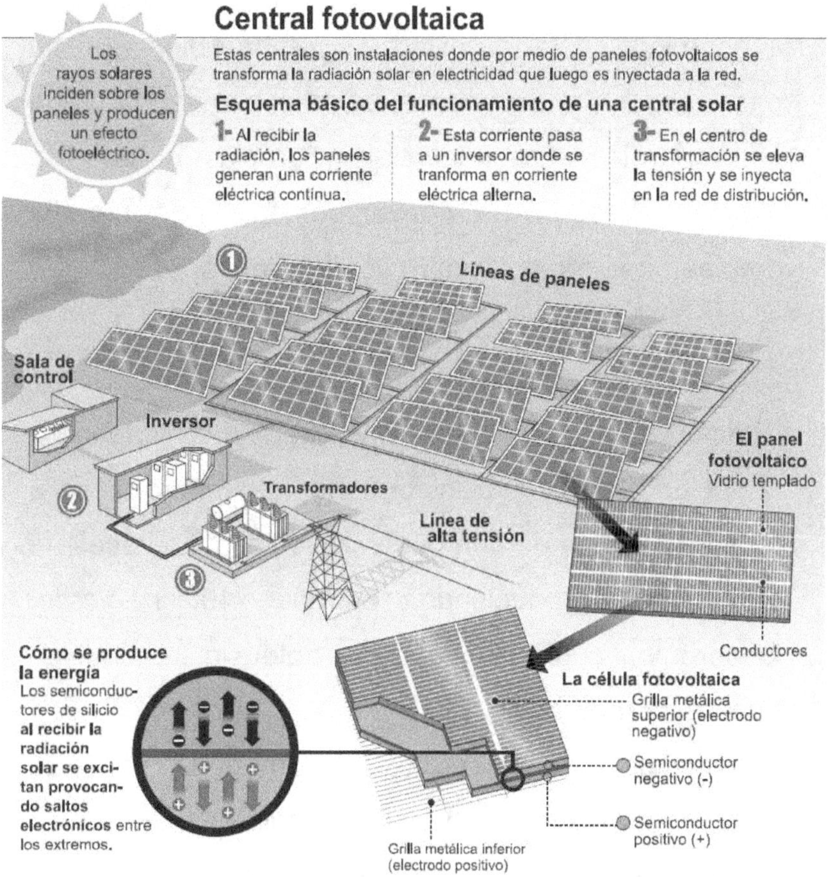

Central fotovoltaica

Estas centrales son instalaciones donde por medio de paneles fotovoltaicos se transforma la radiación solar en electricidad que luego es inyectada a la red.

Esquema básico del funcionamiento de una central solar

Los rayos solares inciden sobre los paneles y producen un efecto fotoeléctrico.

1- Al recibir la radiación, los paneles generan una corriente eléctrica continua.

2- Esta corriente pasa a un inversor donde se tranforma en corriente eléctrica alterna.

3- En el centro de transformación se eleva la tensión y se inyecta en la red de distribución.

Líneas de paneles

Sala de control

Inversor

Transformadores

Línea de alta tensión

El panel fotovoltaico
Vidrio templado

Cómo se produce la energía
Los semiconductores de silicio al recibir la radiación solar se excitan provocando saltos electrónicos entre los extremos.

Conductores

La célula fotovoltaica
Grilla metálica superior (electrodo negativo)

Semiconductor negativo (-)

Semiconductor positivo (+)

Grilla metálica inferior (electrodo positivo)

Bombeo solar

el bombeo solar es lo mismo que un sistema bombeo tradicional mediante el que se busca extraer o impulsar agua hacia un lugar determinado. La diferencia reside en la manera de alimentar de electricidad a la bomba, generalmente esto se solventa a través de la red eléctrica o con generadores de gasoil, con su correspondiente coste económico en electricidad o combustible. Por su parte, el bombeo solar consiste en el bombeo de agua con energía solar fotovoltaica, gracias al uso de placas solares y un convertidor que nos permita emplear la energía captada por las placas.

Componentes de un sistema de bombeo solar

-Placas Solares: son las encargadas de captar la radiación solar y transformarla en energía para nuestro sistema de bombeo solar, hacen las veces de generador, produciendo energía 100% verde. Deberemos cubrir al menos la potencia nominal de nuestra bomba solar.

-Convertidor: se encarga transformar la corriente continua producida por las placas solares en corriente alterna apta para ser utilizada por la instalación de bombeo solar. Además juega un papel fundamental en la lectura de la potencia disponible en los paneles fotovoltaicos para así regular la velocidad de giro de la bomba solar en función de esta potencia para maximizar la extracción de agua.

-Bomba solar: es la máquina encargada de la extracción del agua e irá dimensionada en función de nuestra necesidad de abastecimiento. Existen múltiples tipos y deberemos escoger el que más se ajuste a las características de nuestra instalación de bombeo solar.

-Depósito: este no es un elemento obligatorio del sistema, pero puede ser de gran utilidad para nuestra instalación de bombeo solar fotovoltaico ya que ejerce de "batería", es decir, en lugar de instalar baterías para que nuestro generador siga extrayendo en las horas sin Sol, podemos aprovechar las horas de luz para almacenar el agua sobrante extraída en un depósito.

Cálculos

Para comenzar a dimensionar nuestro sistema de bombeo solar directo fotovoltaico con cierta garantía, será preciso conocer los siguientes datos:

- Necesidad diaria de agua.
- Datos del lugar de extracción de agua.
- Altura total de elevación.
- Longitud de la tubería de transporte y diámetro.
- Depósito o bombeo directo.

- Características geográficas de la zona.

Una vez conocidos todos estos datos es cuando calcularemos cuál es kit de bombeo solar fotovoltaico directo más adecuado para el caso particular.

En función del caudal horario (m^3/hora) que sea necesario, elegiremos la potencia de la bomba y el número de paneles solares necesarios para la instalación de bombeo solar directo.

También se tiene que tener en cuenta si la bomba solar va a estar funcionando todo el año o de manera estacional.

Ventajas de un sistema de bombeo de agua con energía solar

-Ahorro energético y de emisiones del 100%: en cuanto nuestro sistema de bombeo solar entra en funcionamiento nuestro gasto en energía es cero, ya que empezamos a producir nuestra propia energía verde 100%.

-Ahorro en mantenimiento: a diferencia de los generadores eléctricos de combustible, este se trata de un sistema muy fiable con un bajo coste en mantenimiento.

-Alta eficiencia: estamos ante instalaciones de bombeo solar de última tecnología en las que la eficiencia del sistema juega un papel fundamental.

-Monitorización y automatización: podremos monitorizar nuestra instalación de placas solares para bombeo solar y controlar múltiples aspectos de la misma a través de aplicaciones online.

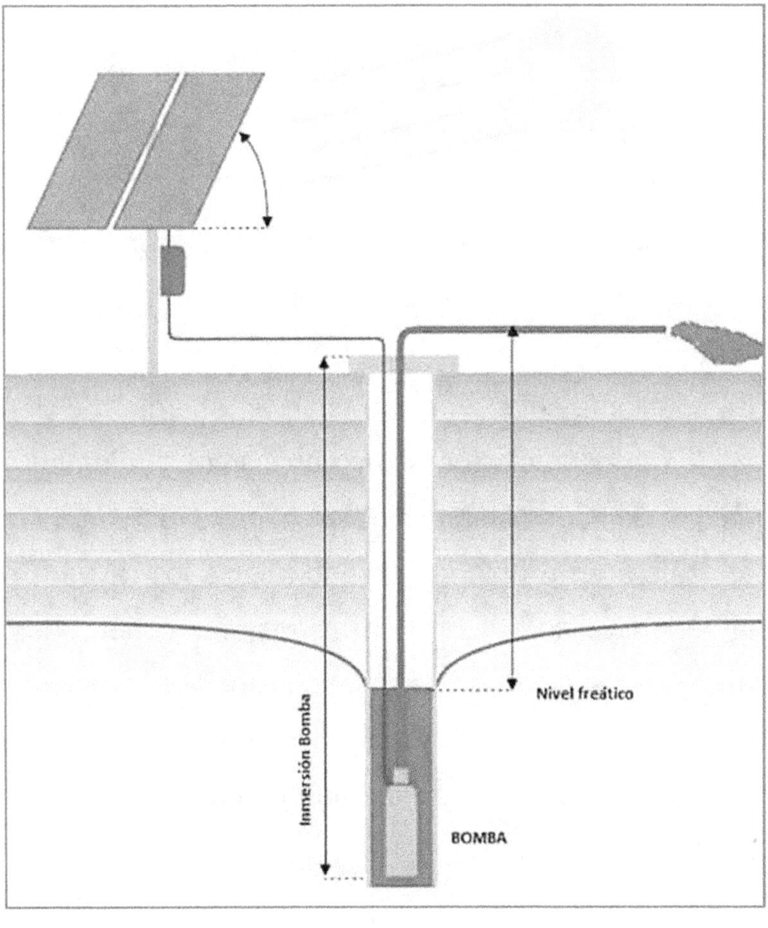

Expresiones matemáticas necesarias para las aplicaciones prácticas

Para calcular las dimensiones necesarias de un colector solar, si queremos obtener una potencia determinada, necesitamos saber, entre otras cosas, la cantidad de calor que se recibe en el punto de la tierra en el que queremos realizar la instalación.

Así, ese calor, Q, se puede obtener a partir de la expresión:

$$Q = K \cdot S \cdot t$$

Q= cantidad de calor (calorías)

K = constante solar (cal/min · cm^2)

S = Superficie sobre la que incide la radiación (cm^2)

t = Tiempo durante el cual está recibiendo radiación

La constante solar es la cantidad de energía recibida en forma de radiación solar por unidad de tiempo y unidad de superficie, medida en la parte externa de la atmósfera en un plano perpendicular a los rayos. En la superficie de la tierra, en las mejores condiciones, no supera el valor de 1,3 cal/min x cm^2

Toma valores entre 0 y 1,3 cal/min x cm^2, pudiendo tomarse como media en un día de verano 0,9 cal/min x cm^2.

Otra expresión útil para calcular la cantidad de calor, es en función de la masa de material que almacena ese calor:

$$Q = Ce \cdot m \cdot \Delta T$$

Q= cantidad de calor (Kcalorías)

M = masa (kg)

ΔT = variación de temperatura (0C)

Ce = calor específico Kcal/Kg°C (en el caso del agua toma el valor 1 Kcal/Kg°C)

$$\eta = E\ salida\ /\ E\ entrada$$

o, en función de la potencia:

$$\eta = P\ salida\ /\ P\ entrada$$

La potencia captada por un colector solar, depende de la densidad de radiación que incide en un determinado lugar y de la superficie de captación.

$$Pinc = \rho rad \cdot S$$

Pinc = Potencia captada por el colector (w)

ρrad = densidad de radiación (w/m^2)

S = superficie de captación (m^2).

Energía eólica

La energía eólica tiene su origen en el viento, es decir, en el aire en movimiento. El viento se puede definir como una corriente de aire resultante de las diferencias de presión en la atmósfera, provocadas en la mayoría de los casos, por variaciones de temperatura, debidas a las diferencias de la radiación solar en los distintos puntos de la Tierra.

Las variables que definen el régimen de vientos en un punto determinado son:

- Situación geográfica
- Características climáticas
- Estructura topográfica
- Irregularidades del terreno
- Altura sobre el nivel del suelo

Sólo un 2 % de la energía solar que llega a la Tierra se convierte en energía eólica y por diversos motivos, sólo una pequeña parte de esta energía es aprovechable. A pesar de ello, se ha calculado que el potencial energético de esta fuente de energía es unas 20 veces el actual consumo mundial de energía, lo que hace de la energía eólica una de las fuentes de energía renovables de primera magnitud.

La energía del viento es de tipo cinético (debida a su movimiento); lo que hace que la potencia obtenida del mismo dependa de forma acusada de su velocidad, así como del área de la superficie captadora.

Desde hace siglos el ser humano ha aprovechado la energía eólica para diferentes usos: molinos, transporte marítimo mediante barcos de vela, serrerías, pero es en la actualidad cuando su uso es casi exclusivo para la obtención de electricidad.

Las máquinas eólicas encargadas de este fin se llaman aerogeneradores, aeroturbinas o turbinas eólicas. En definitiva, los aerogeneradores transforman la energía mecánica del viento en energía eléctrica.

Energías Renovables Ing. *Miguel D'Addario*

Aerogeneradores: Funcionamiento, partes y tipos

-Funcionamiento. El funcionamiento es el siguiente: el viento incide sobre las palas del aerogenerador y lo hace girar, este movimiento de rotación se transmite al generador a través de un sistema multiplicador de velocidad. El generador producirá corriente eléctrica que se deriva hasta las líneas de transporte. Para asegurar en todo momento el suministro eléctrico, es necesario disponer de acumuladores.

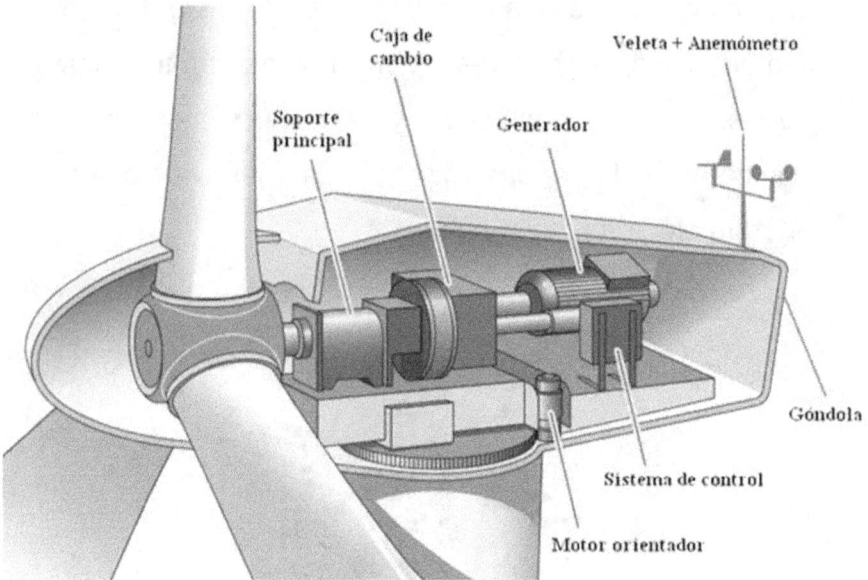

-Partes. Los elementos de que consta una máquina eólica son los siguientes:
- Soportes (torres o tirantes)
- Sistema de captación (rotor)

- Sistema de orientación
- Sistema de regulación (controlan la velocidad de rotación)
- Sistema de transmisión (ejes y multiplicador)
- Sistema de generación (generador)

-Torre. Es el elemento de sujeción y el que sitúa el rotor y los mecanismos que lo acompañan a la altura idónea. Está construida sobre una base de hormigón armado (cimentación) y fijado a ésta con pernos. La torre tiene forma tubular y debe ser suficientemente resistente para aguantar todo el peso y los esfuerzos del viento, la nieve, etc. En su base está generalmente el armario eléctrico, a través del cual se actúa sobre los elementos de generación y que alberga todo el sistema de cableado que proviene de la góndola, así como el transformador que eleva la tensión. Dispone de escalas para acceder a la parte superior.

-El rotor. Es el elemento que capta la energía del viento y la transforma en energía mecánica.

A su vez, el rotor se compone de tres partes fundamentales:

-Las palas (que capturan la energía contenida en el viento).

-El eje (que transmite el movimiento giratorio de las palas al aerogenerador).

-El buje (que fija las palas al eje de baja velocidad).

Las palas son los elementos más importantes, pues son las que reciben la fuerza del viento y se mueven gracias a su diseño aerodinámico. Están fabricadas con plástico (resina de poliéster) reforzado con fibra de vidrio, sobre una estructura resistente, y su tamaño depende de la tecnología empleada y de la velocidad del viento. También podemos encontrar palas que usen fibra de carbono o aramidas (Kevlar) como material de refuerzo, pero normalmente estas palas son antieconómicas para grandes aerogeneradores.

Según la orientación de las palas respecto al viento, tenemos aerogeneradores a barlovento o a sotavento. Las palas están en configuración de barlovento cuando se enfrentan al viento y sotavento cuando se mueven con el viento que sale tras la góndola. La gran mayoría de los grandes aerogeneradores son de eje horizontal y barlovento, mientras que los aerogeneradores de pequeño tamaño son de tipo sotavento y orientación por veleta.

Como vimos anteriormente, la potencia obtenida depende, entre otros factores de la superficie de captación, es decir, del tamaño del rotor. A continuación, se muestra un esquema en el que se puede observar el diámetro del rotor (M) (lo que influye en su área de barrido) en función de la potencia (Kw) que queramos obtener:

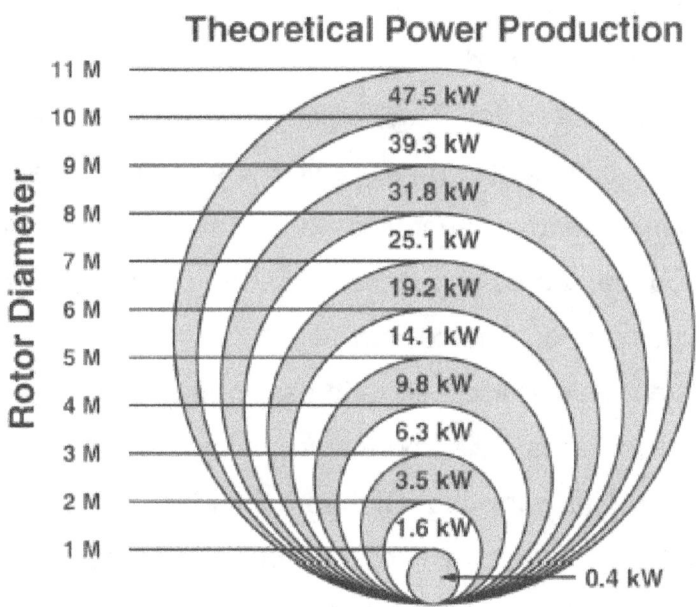

-Góndola. Es la estructura en la que se resguardan los elementos básicos de transformación de la energía, es decir: multiplicador, eje del rotor, generador y sistemas auxiliares.

-Multiplicador. Es un elemento conectado al rotor que multiplica la velocidad de rotación del eje (unas 50 veces) para alcanzar el elevado número de revoluciones que necesitan las dinamos y los alternadores. Dentro de los multiplicadores se distinguen dos tipos: los de poleas dentadas y los de engranaje.

-Multiplicadores de poleas dentadas. Se utilizan para rotores de baja potencia.

-Multiplicadores de engranaje. En este tipo de multiplicadores los engranajes están protegidos en cajas blindadas para evitar su desajuste y desengrasado. Aunque la mayoría de los aerogeneradores tienen multiplicador, existen algunos rotores que no lo necesitan.

-Sistema hidráulico. Utilizado para restaurar los frenos aerodinámicos del aerogenerador.

-Eje de alta velocidad. Gira aproximadamente a 1.500 revoluciones por minuto (r.p.m.), lo que permite el funcionamiento del generador eléctrico. Está equipado con un freno de disco mecánico de emergencia. El freno mecánico se utiliza en caso de fallo del freno aerodinámico, o durante las labores de mantenimiento de la turbina.

-Generador. La función del generador es transformar la energía mecánica en energía eléctrica. En función de la potencia del aerogenerador se utilizan dinamos (son generadores de corriente continua y se usan en aerogeneradores de pequeña potencia, que almacenan la energía eléctrica en baterías) o alternadores (son generadores de corriente alterna). La potencia máxima suele estar entre 500 y 4000 kilovatios (kW).

-Mecanismo de orientación. Activado por el controlador electrónico, que vigila la dirección del viento utilizando la veleta.

Normalmente, la turbina sólo se orientará unos pocos grados cada vez, cuando el viento cambia de dirección.

-Controlador electrónico. Tiene un ordenador que continuamente monitoriza las condiciones del aerogenerador y que controla el mecanismo de orientación.

En caso de cualquier disfunción (por ejemplo, un sobrecalentamiento en el multiplicador o en el generador), automáticamente para el aerogenerador.

-Unidad de refrigeración. Contiene un ventilador eléctrico utilizado para enfriar el generador eléctrico. Además, contiene una unidad de refrigeración de aceite empleada para enfriar el aceite del multiplicador. Algunas turbinas tienen generadores enfriados por agua.

-Anemómetro y la veleta. Se utilizan para medir la velocidad y la dirección del viento. Las señales electrónicas del anemómetro son utilizadas por el controlador electrónico del aerogenerador para conectar el aerogenerador cuando el viento alcanza aproximadamente 5 m/s (18 km/h).

El ordenador parará el aerogenerador automáticamente si la velocidad del viento excede de 25 m/s (90 km/h), con el fin de proteger a la turbina y sus alrededores.

Las señales de la veleta son utilizadas por el controlador electrónico del aerogenerador para girar al aerogenerador en contra del viento, utilizando el mecanismo de orientación.

Tipos

Hay diferentes aerogeneradores

-Aerogeneradores de eje horizontal: Son los más utilizados. Deben mantenerse paralelos al viento, lo que exige una orientación previa, de modo que éste incida sobre las palas y haga girar el eje.

Estos aerogeneradores pueden ser:

-De potencia baja o media (0 a 50 kW): Suelen tener muchas palas (hasta veinticuatro). Se utilizan en el medio rural y como complemento para viviendas.

-De alta potencia (más de 50 kW): Suelen tener como máximo cuatro palas de perfil aerodinámico, aunque normalmente tienen tres. Necesitan vientos de más de 5 m/s.

Tiene uso industrial, disponiéndose en parques o centrales eólicas.

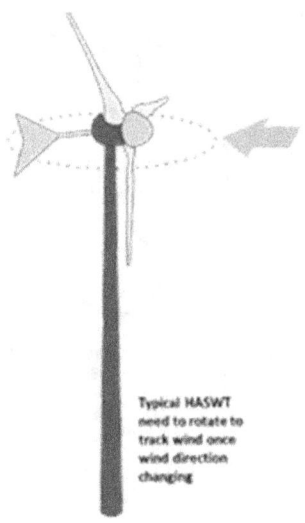

-Aerogeneradores de eje vertical: Su desarrollo tecnológico está menos avanzado que los anteriores y su uso es escaso, aunque tiene perspectivas de crecimiento. No necesitan orientación y ofrecen menos resistencia al viento. El funcionamiento de este tipo de aerogeneradores es similar al de los de eje horizontal. El viento incide sobre las palas del aerogenerador y lo hace girar, este movimiento de rotación se transmite al generador a través de un sistema multiplicador de velocidad. El generador producirá corriente eléctrica que se deriva hasta las líneas de transporte. Para asegurar en todo momento el suministro eléctrico, es necesario disponer de acumuladores.

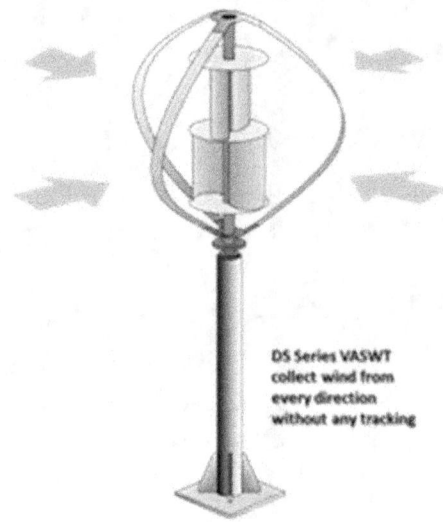

-Aerogeneradores marinos: También son aerogeneradores de eje horizontal, pero con unas características especiales de tamaño y cimentación.

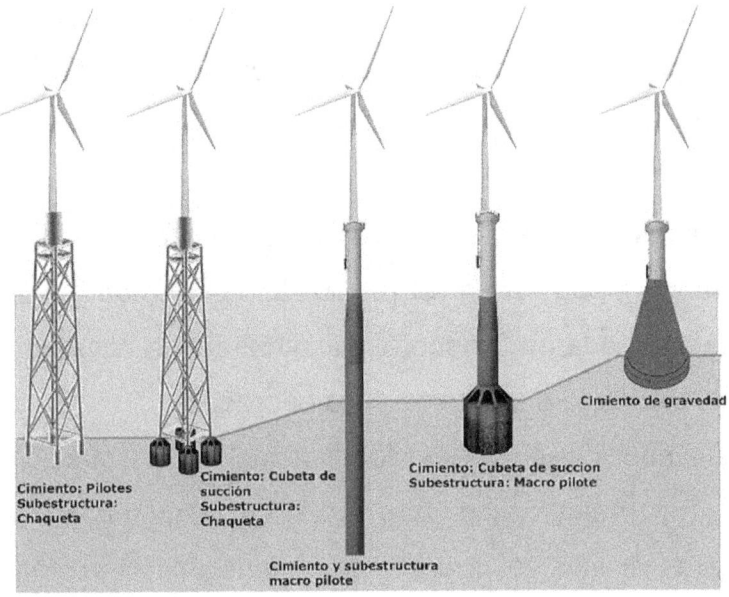

Diseño de las instalaciones

En el diseño de una instalación eólica es necesario considerar tres factores:

- El emplazamiento.
- El tamaño de la máquina.
- Los costes.

El emplazamiento elegido para instalar la máquina eólica ha de cumplir dos condiciones: el viento ha de soplar con regularidad y su velocidad ha de tener un elevado valor medio. Es necesario disponer de una información meteorológica detallada sobre la estructura y distribución de los vientos. Las mediciones estadísticas deben realizarse durante un período mínimo de tres años, para poder obtener unos valores fiables, que una vez procesados permiten elaborar:

-Mapas eólicos: proporcionan una información de ámbito global del nivel medio de los vientos en una determinada área geográfica, situando las zonas más idóneas bajo el punto de vista energético

-Distribuciones de velocidad: estudio a escala zonal de un mapa eólico, que proporciona el número de horas al año en que el viento tiene una dirección y una velocidad determinadas

-Perfiles de velocidad: variación de la velocidad del viento con la altura respecto al suelo, obtenido por un estudio puntual El tamaño de la máquina condiciona fuertemente los problemas técnicos. En el caso de las grandes plantas eólicas, el objetivo principal es conseguir unidades tan grandes como sea posible, con el fin de reducir los costes por kW obtenido, pero las grandes máquinas presentan problemas estructurales que sólo los puede resolver la industria aeronáutica. Para las pequeñas aeroturbinas, el problema es diferente; el objetivo técnico principal es la reducción de su mantenimiento, ya que su aplicación suele estar dirigida a usos en zonas aisladas. Según determinados parámetros, elegiremos grandes o pequeñas turbinas para nuestra instalación:

Razones para elegir grandes turbinas
-Criterios económicos. Las máquinas más grandes son capaces de suministrar electricidad a un coste más bajo que las máquinas más pequeñas. La razón es que los costes de las cimentaciones, la construcción de carreteras, la conexión a la red eléctrica, además de otros componentes en la turbina (el sistema de control electrónico, etc.), así como el mantenimiento, son más o menos independientes del tamaño de la máquina. Las máquinas más grandes están particularmente bien adaptadas para la energía eólica en el mar. En áreas en las que resulta difícil encontrar emplazamientos para más de una única turbina, una gran turbina con una torre alta utiliza los recursos eólicos existentes de manera más eficiente.

Razones para elegir turbinas más pequeñas
-La red eléctrica local puede ser demasiado débil para manipular la producción de energía de una gran

máquina, como es el caso de partes remotas de la red eléctrica, con una baja densidad de población y poco consumo de electricidad en el área.

-Hay menos fluctuación en la electricidad de salida de un parque eólico compuesto de varias máquinas pequeñas.

-El coste de usar grandes grúas, y de construir carreteras lo suficientemente fuertes para transportar los componentes de la turbina, puede hacer que en algunas áreas las máquinas más pequeñas resulten más económicas.

-Con varias máquinas más pequeñas el riesgo se reparte, en caso de fallo temporal de la máquina (p.ej. si cae un rayo).

-Consideraciones estéticas en relación al paisaje pueden a veces imponer el uso de máquinas más pequeñas, aunque las máquinas más grandes suelen tener una velocidad de rotación más pequeña, lo que significa que realmente una máquina grande no llama tanto la atención como muchos rotores pequeños moviéndose rápidamente El coste, si se desea producir energía eléctrica para distribuir a la red, es lógico diseñar una planta eólica mediana o grande, mientras que si se trata de utilizar esta energía de forma aislada, será más adecuado la construcción de una máquina pequeña, o acaso mediana. El tamaño de la planta eólica determina el nivel de producción y, por tanto, influye en los costes de la instalación, dentro de los que cabe distinguir entre el coste de la planta (coste por kW) y el coste de la energía (coste por kWh).

Aplicaciones

-Energía mecánica: Bombeo de agua y riego.

-Energía térmica: Acondicionamiento y refrigeración de almacenes, refrigeración de productos agrarios, secado de cosechas, calentamiento de agua.

-Energía eléctrica: aplicación más frecuente, pero que obliga a su almacenamiento o a la interconexión del sistema de generación autónomo con la red de distribución eléctrica.

Ventajas e inconvenientes

Ventajas	Inconvenientes
Es una energía limpia, no emite residuos	El parque eólico exige construir infinidad de ellas, lo cual es costoso.
Es gratuita e inagotable	La producción de energía es irregular, depende del viento, su velocidad y duración. La instalación sólo puede realizarse en zonas de vientos fuertes y regulares. El terreno no puede ser muy abrupto.
Reduce el consumo de combustibles fósiles, por lo que contribuye a evitar el efecto invernadero y la lluvia ácida, es decir, reduce el cambio climático	Puede afectar a la fauna, especialmente aves, por impacto con las palas
	Contaminación acústica y visual

Potencia de Entrada y de Salida para un aerogenerador La potencia de entrada P, de un aerogenerador, va a depender de una serie de factores, como son:

- Velocidad del viento, v (m/s)
- Superficie de captación, S (m^2)
- Densidad del aire, d (kg/m^3)

De la siguiente manera:

$$P = 1/2 \cdot d \cdot S \cdot v^3$$

Obteniendo un valor para la potencia en W

Para obtener la potencia de salida, simplemente debemos tener en cuenta el coeficiente de aprovechamiento.

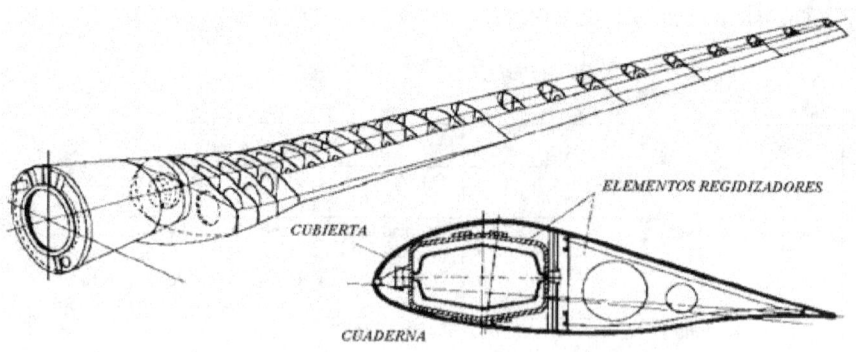

Energía geotérmica

Se entiende como "geotermia" todo fenómeno que se refiere al calor almacenado en el interior de la Tierra, siendo la "energía geotérmica" la derivada de este calor (debido principalmente al vulcanismo y a la radiactividad natural de las rocas). El calor se transmite a través del subsuelo y llega a la superficie muy lentamente, por lo que la mayor parte queda almacenada en el interior de la tierra durante mucho tiempo. La temperatura del núcleo puede llegar hasta 4000°C, pero ésta varía con la profundidad, siendo el gradiente de 300°C/km (30°C/100m). Existen zonas de la tierra donde este gradiente es mucho mayor, del orden de 2000°C/km, por lo que son los lugares idóneos para extraer el calor. Generalmente las alteraciones geotérmicas de mayor magnitud presentan unas "manifestaciones superficiales" que indican su posible existencia, y que pueden ser:

- Vulcanismo reciente
- Zonas de alteración hidrotermal
- Emanaciones gaseosas
- Fuentes termales y minerales
- Anomalías térmicas

Yacimiento geotérmico

Se define como yacimiento geotérmico un volumen de roca con temperatura anormalmente elevada para la profundidad a que se encuentra, susceptible de ser recorrida por una corriente de agua que pueda absorber calor y transportarlo a la superficie. (esta definición no implica que el agua se encuentre en el yacimiento a priori).

Según las características geológicas de los yacimientos, éstos pueden ser:

-Sistemas hidrotérmicos: Formado por una fuente de calor a profundidad relativamente pequeña (500m / 10 km), que garantiza un elevado flujo térmico por un largo periodo de tiempo, recubierto de roca impermeable caliente que permite la transferencia de calor a la capa de roca permeable que hay por encima de ella conteniendo agua (acuífero), permitiendo la circulación del agua cerca de la roca caliente.

Sobre el acuífero se encuentra una capa de roca impermeable y algunas fallas que delimitan el yacimiento y permiten el aporte de agua a partir de las precipitaciones.

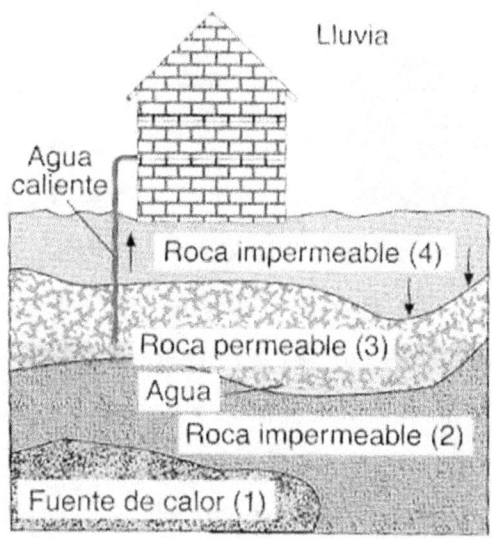

El agua adquirirá la temperatura del sistema geotérmico y se encontrará en estado líquido, en forma de vapor o como mezcla de líquido y vapor según las condiciones de P y T del yacimiento:

Los sistemas en los que predomina el vapor se utilizan para producir energía eléctrica en turbinas de vapor, obteniéndose agua caliente como subproducto.

Los sistemas en los que predomina el agua, a mayor o menor T, pueden presentar dificultades de uso pues contiene sales disueltas, gases corrosivos y partículas sólidas (corrosión de los álabes).

Son muy abundantes en EEUU, Italia, Japón e Islandia.

-Sistemas geopresurizados: Son similares a los anteriores, pero se encuentran a mucha más profundidad, por lo que el líquido caloportador se encuentra sometido a grandes presiones, pudiendo alcanzar hasta 100 atm (1000 bares). En estas formaciones hay energía acumulada en tres formas: presión hidráulica, agua caliente y metano.

Se espera gran aprovechamiento en el futuro, pero actualmente no muy desarrollados.

-Sistemas de roca seca caliente: Formados por bolsas de rocas impermeables a muy alta temperatura (250 – 300ºC) y sin fluido portador de calor (acuífero), por lo que es necesario aportar agua de forma artificial para poder extraer el calor (se hacen dos perforaciones; se introduce agua fría por una de ellas y se obtiene agua caliente por la otra. Problema, toda la roca es impermeable, con lo que el agua no pasa de un conducto a otro y si se ponen muy juntos no hay mucha transferencia de calor), además de la necesidad de crear grandes superficies de transmisión de calor fracturando la roca. Los sistemas explotados hasta ahora son los correspondientes a los yacimientos hidrotérmicos que, a su vez, según la temperatura del yacimiento pueden ser de:

-Baja temperatura (60 – 150ºC ⇒ Uso doméstico, aplicación directa del calor por rentabilidad).

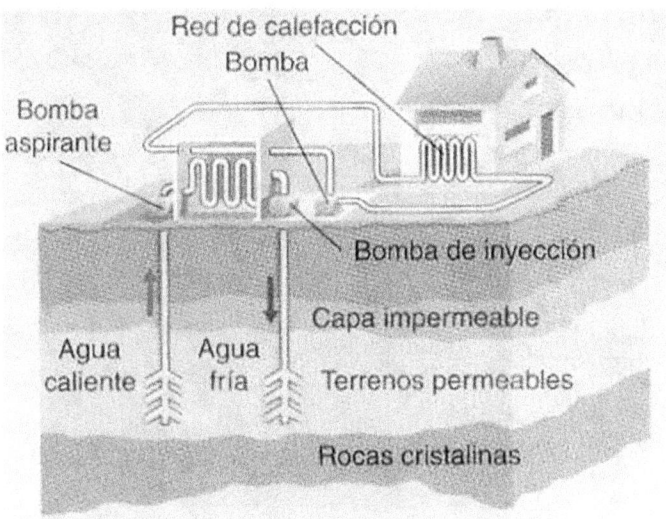

Fuente de calor

La temperatura del foco oscila en torno a los 100°C. Se utilizan para calefacción, invernaderos, balnearios, etc.

El agua fría a presión se introduce en las proximidades del foco de calor, donde se eleva su temperatura y luego se extrae.

El agua caliente puede utilizarse directamente o bien puede ceder el calor acumulado al fluido que circulará posteriormente por el circuito de calefacción.

-Alta temperatura (A partir de 150⁰ C $\Rightarrow$ Producción de electricidad).

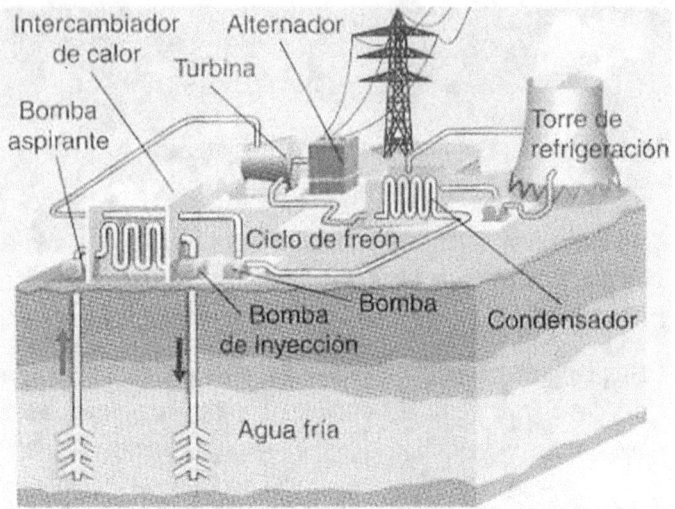

La temperatura del foco puede llegar a alcanzar 1250⁰ C. Se utilizan para la producción de electricidad.

Es necesario que existan capas de materiales permeables que permiten la circulación de los fluidos capaces de extraer el calor de la roca (1,5 – 2 km), y otras impermeables para evitar la disipación de calor.

El agua inyectada se convierte en vapor sobrecalentado por efecto del foco de calor y posteriormente se extrae.

Este vapor cede su calor a un fluido, el freón, que se vaporiza.

El vapor generado mueve el grupo turbina-alternador y se genera la energía eléctrica.

Explotación y utilización de yacimientos geotérmicos

Antes de proceder a la explotación de un yacimiento geotérmico es necesario conocer:

-Profundidad y espesor del acuífero
-Calidad, caudal y temperatura del fluido
-Permeabilidad y porosidad de las rocas

Una vez conocidos estos factores, la explotación se realiza mediante sondeos análogos a los petrolíferos. Sin embargo, para no agotar el agua se suele reinyectar ésta al acuífero mediante otro pozo. Asimismo, es necesario evitar la corrosión que suele producir el fluido geotérmico utilizando materiales no atacables lo que hace que, en general, este tipo de explotación precise de una inversión inicial muy elevada. La energía geotérmica puede ser utilizada en dos campos, definidos por la temperatura que alcanza el fluido geotérmico: alta y baja temperatura. El límite práctico entre ambos no está claramente fijado, pero se puede situar entre 130 y 150°C. Los yacimientos de alta temperatura se utilizan en la producción de energía eléctrica, cuyo coste suele ser casi la mitad que el de la electricidad producida en una central térmica convencional. Ahora bien, al ser la calidad de la energía geotérmica inferior a la de los combustibles convencionales, el rendimiento de conversión es muy pobre. Así con un fluido a 3000°C enfriado hasta una temperatura ambiente de 200°C, el rendimiento real del proceso no supera el 30%. Por su parte, la mayor abundancia de los yacimientos de baja temperatura ha obligado a desarrollar nuevos procesos que permitan el aprovechamiento del agua caliente de los mismos, cuya temperatura no suele ser superior a los 1000°C. Así los tres campos en los que la geotermia de baja temperatura puede encontrar aplicación son:

-Calefacción urbana, industrial y agrícola.

Los principales obstáculos que se oponen a la geotermia de baja temperatura son básicamente:

-Grandes inversiones iniciales. Bajo rendimiento. Imposibilidad de transporte.

Ventajas e inconvenientes

Ventajas	Inconvenientes
Fuente renovable	Las zonas de aprovechamiento presentan una gran actividad geológica, tanto sísmica como volcánica, lo que encarece las instalaciones, que deben ser seguras.
Reduce el consumo de combustibles fósiles	impacto visual, alterando el ecosistema
Su suministro es regular, lo que permite efectuar previsiones de abastecimiento	Niveles de ruido (perforaciones y sistemas operativos de funcionamiento de la planta)
	Contaminación del aire (emisión de vapor geotérmico y gases no condensados)
	Uso y contaminación de las aguas del entorno (el agua que se extrae contiene sustancias nocivas)

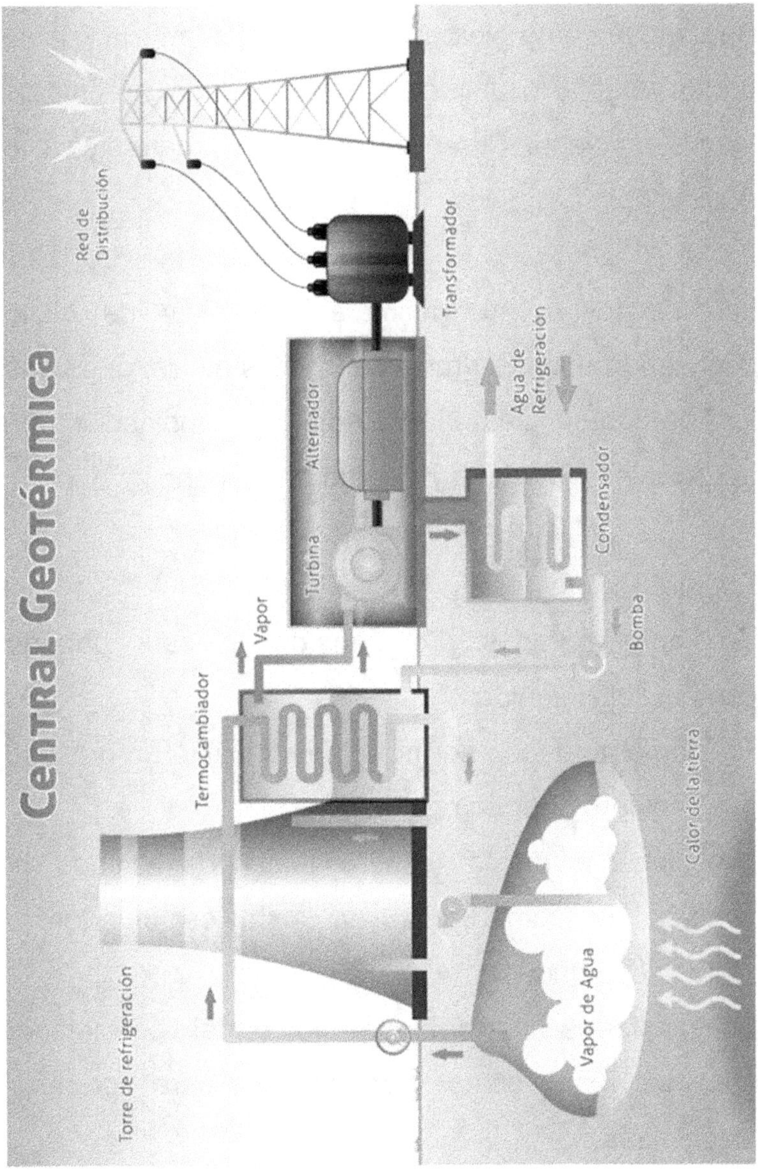
Central Geotérmica
Red de Distribución
Transformador
Alternador
Turbina
Vapor
Termocambiador
Agua de Refrigeración
Condensador
Bomba
Torre de refrigeración
Vapor de Agua
Calor de la tierra

Energía de la biomasa

Se conoce como biomasa a toda materia orgánica de origen vegetal o animal, y a la obtenida a partir de ésta mediante transformaciones naturales o artificiales.

Las plantas, y los animales a través de ellas, almacenan energía gracias a la fotosíntesis, que tiene lugar en presencia de la luz solar en combinación con agua, sales minerales y dióxido de carbono.

Fuentes de biomasa
-Residuos agrarios: Se transforman para obtener combustibles líquidos.
Previamente deben ser tratados mediante un proceso que requiere energía previa.
-Residuos animales: estiércol, purines, camas o, también, descomposición de animales muertos o restos de mataderos.
Se transforman para obtener biogás del tipo metano, que se usa como combustible para producir electricidad.
-Residuos forestales.

-Residuos industriales (carpinterías, otros): Proceden de la industria maderera y papelera, siendo utilizados como combustible dentro del mismo sector que los produce, de la agrícola y agroalimentaria: frutos secos, aceite de oliva, conserva de frutas.

Cultivos vegetales concretos para este fin:

-Cultivos tradicionales: cultivos clásicos que se utilizan con fines alimenticios o industriales y se emplean para obtener energía con plantaciones del tipo leñoso: eucaliptos, álamos, sauces.

-Cultivos poco frecuentes: aquellos que han empezado a desarrollarse de forma masiva por su interés energético: cardos, helechos, girasol, piteras.

-Cultivos acuáticos: Algas y jacintos de agua.

-Combustibles líquidos: Plantas leñosas que son transformadas en combustibles alternativos semejantes a la gasolina, pero que apenas producen impacto ambiental: palma, caucho.

-Residuos sólidos urbanos: Generados como consecuencia de la actividad humana: RSU y ARU (aguas residuales urbanas).

Se tratan con varias técnicas: eliminación por vertedero: Reciclaje, compostaje, e incineración con recuperación de energía.

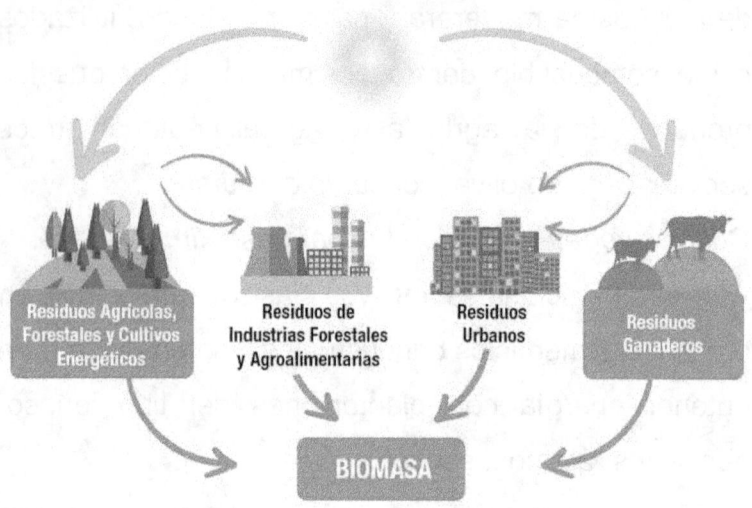

Tratamiento de la biomasa

El tratamiento de la biomasa significa someterla a diferentes procesos que, en función del producto que queramos obtener, pueden ser:

Procesos físicos:

-Compactación o reducción de volumen para su tratamiento directo como combustible.

-Secado para realizar posteriormente un tratamiento térmico.

-Procesos termoquímicos: Se trata de someter a la biomasa a temperaturas elevadas. Así se tiene:

-Combustión directa de la biomasa con aire: al quemar la biomasa, se obtiene calor para producir vapor que mueva una turbina que arrastra un alternador que produce electricidad.

También se aprovecha para calefacción. La biomasa debe ser baja en humedad.

-Pirólisis: Consiste en un calentamiento sin la presencia de oxígeno. La materia orgánica se descompone, obteniendo productos finales más energéticos.

-Gasificación: Oxigenación parcial o hidrogenación, que permite la obtención de hidrocarburos.

-Procesos bioquímicos: Ciertos microorganismos actúan sobre la biomasa transformándolos.

-Fermentación alcohólica (aerobia): Es el proceso de transformación de la glucosa en etanol por la acción de los microorganismos. El resultado es el bioalcohol, un combustible para vehículos. En Brasil, uno de cada tres vehículos funciona con etanol extraído de la caña de azúcar.

-Fermentación anaerobia: Consiste en fermentar en ausencia de oxígeno y durante largo tiempo la biomasa. Origina productos gaseosos (biogás), que son principalmente metano y dióxido de carbono. Este biogás se suele emplear en granjas para activar motores de combustión o calefacción.

−Procesos químicos: En este caso en el proceso de transformación no intervienen microorganismos.

-Transformación de ácidos grasos: Consiste en transformar aceites vegetales y grasas animales en una mezcla de hidrocarburos mediante procesos químicos no biológicos para crear un producto llamado Biodiesel, que sirve de combustible. Como materia prima se emplean, principalmente cereales, trigo, soja, maíz. Tanto el bioalcohol, como el biogás y el biodiesel se llaman biocombustibles. En definitiva, las tres grandes aplicaciones de la biomasa son:

-Para calefacción.

-Para mover turbinas-generadores, es decir, para obtener energía eléctrica.

-Como combustible de vehículos.

VENTAJAS	INCONVENIENTES
Soluciona los problemas que acarrea la destrucción incontrolada de los residuos	Se corre el riesgo de que, por una falta de control, se lleven a cabo talas excesivas que agoten la masa vegetal de una zona
Disminuye el riesgo de incendios en los bosques	Rendimiento neto muy pequeño, 3 kg de biocombustible equivalen a 1kg de gasolina
Su uso significa una reducción en el consumo de otras fuentes de energía no renovables, tales como el carbón o el petróleo	El alto grado de dispersión de la biomasa da lugar a que su aprovechamiento no resulte, en ocasiones, económicamente rentable.
	El proceso de combustión de la biomasa genera dióxido de carbono, responsable principal del efecto invernadero, aunque en mucha menor medida que los combustibles fósiles.
	Al emplearse cereales para producir biocombustibles, ha aumentado la demanda de éstos, con lo cual sube el precio de los alimentos, perjudicando principalmente a los países menos desarrollados

Mención aparte

-Residuos Sólidos Urbanos (RSU). Son aquellos residuos sólidos generados por la actividad doméstica en los núcleos de población o zonas de influencia.

El tratamiento de estos residuos se lleva a cabo mediante los siguientes métodos:

-Incineración: consiste en quemar los residuos combustibles, con la idea de obtener energía eléctrica o térmica o fermentar los residuos orgánicos para obtener biogás.

Otros métodos:

-Vertido controlado: Se entierran los residuos para evitar la contaminación del medio ambiente.

-Compostaje: Se hace fermentar los residuos de origen orgánico para, posteriormente, emplearlo como abonos y para obtener biogás.

-Reciclado: consiste en separar y clasificar los componentes que puedan ser utilizados como materia prima para fabricar otros productos: vidrio, papel, plástico.

Composición de los RSU

-Materia orgánica: 49%
-Papel y cartón: 20%

Energías Renovables   Ing. *Miguel D'Addario*

-Vidrio: 7,8%

-Otros: 22,2%

Distribución de los RSU

-Vertido controlado: 45%

-Vertido incontrolado: 23%

-Compostaje: 20%

-Incineración: 12%

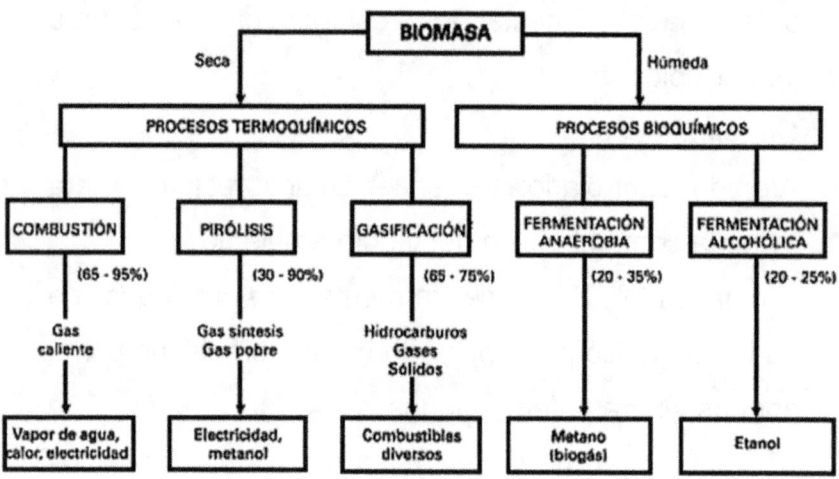

Energía hidráulica

La energía del agua o energía hidráulica, es esencialmente una forma de energía solar. El Sol comienza el ciclo hidrológico evaporando el agua de lagos y océanos y calentando el aire que la transporta. El agua caerá en forma de precipitación (lluvia, nieve, etc.) sobre la tierra y la energía que posee aquella por estar a cierta altura (energía potencial) se disipa al regresar hacia lagos y océanos, situados a niveles más bajos. Es la energía que tiene el agua cuando se mueve a través de un cauce (energía cinética) o cuando se encuentra embalsada a cierta altura (es decir, en forma de energía potencial). En este momento toda la energía hidráulica del agua estará en forma de energía potencial. Cuando se deje caer, se transformará en energía cinética, que puede ser aprovechada para diversos fines. Se trata de una energía renovable. Desde hace unos dos mil años, toda la energía hidráulica se transformaba en energía mecánica que, posteriormente, tenía aplicaciones específicas en norias, molinos, forjas. A partir del siglo XX se empleó para obtener energía eléctrica. Son las centrales hidroeléctricas.

Se caracteriza porque no es contaminante y puede suministrar trabajo sin producir residuos (rendimiento 80%).

Toda central hidroeléctrica transforma la energía potencial del agua acumulada en el embalse en energía eléctrica a través del alternador. Las diferentes transformaciones de energía que se producen son:

Energía potencial ⇨ Energía cinética del agua ⇨ Energía cinética de rotación ⇨ Energía eléctrica

Según el valor de la potencia generada sea superior o inferior a 10Mw, hablamos de minihidráulica o de hidráulica.

Emplazamiento de sistemas hidráulicos

Es importante tener en cuenta para evaluar el potencial extraíble:

-El caudal de agua disponible, que se establece a partir de datos pluviométricos medios de largos periodos de tiempo.

-El desnivel que se puede alcanzar, impuesto por el terreno. Un gran desnivel (100 – 150 m) obligará a utilizar largas canalizaciones, mientras que un pequeño desnivel (menor de 20m), obligará a la construcción de un embalse para aumentarlo (necesario estudiar las conducciones y los diques).

Principios de funcionamiento

Una presa sirve para contener el agua y formar tras de sí un embalse. El agua se libera por los desagües, que fluye por las llamadas tuberías de conexión hasta la sala de máquinas (una vez filtrada); la energía cinética del agua acumulada se convierte en energía cinética de rotación de la turbina, que, acoplada a un alternador de forma solidaria, genera energía eléctrica.

Constitución de una central eléctrica

Las partes principales de una central hidráulica son:
- Presa
- Toma de agua
- Canal de derivación
- Cámara de presión
- Tubería de presión
- Cámara de turbinas
- Canal de desagüe
- Parque de transformadores.

-Presa: Es la encargada de almacenar el agua y provocar una elevación de su nivel que permita encauzarla para su utilización hidroeléctrica. También se emplea para regular el caudal de agua que circula por el río y aumentar el potencial hidráulico. En función del material de construcción y de la estructura existen varios tipos. Todo dique debe permitir el escape del exceso de agua para evitar accidentes. El excedente de agua se puede eliminar a través de un aliviadero (por debajo de la cima de la presa), mediante un pozo de desagüe (interior del embalse) o por un túnel de desagüe (bordeando el dique).

-Canal de derivación: Es un conducto que canaliza el agua desde el embalse. Puede ser abierto (canal), como los que se construyen siguiendo la ladera de una montaña, o cerrado (tubo), por medio de túneles excavados. Las conducciones deben ser lo más rectas y lisas posibles para reducir al mínimo las pérdidas por fricción, necesitando además un sistema para regular el caudal (compuertas o válvulas). Tiene menos pendiente que el cauce del río. Si el salto es inferior a 15 m, el canal desemboca directamente en la cámara de turbinas. En su origen dispone de una o varias tomas de agua protegidas por medio de rejillas metálicas para evitar que se introduzcan cuerpos extraños.

-Cámara de presión: Es el punto de unión del canal de derivación con la tubería de presión. En esta cámara se instala la chimenea de equilibrio. Este dispositivo consiste en un depósito de compensación cuya misión es evitar las variaciones bruscas de presión debidas a las fluctuaciones del caudal de agua provocadas por la regulación de su entrada a la cámara de turbinas. Estas variaciones bruscas son las que se conocen como golpe de ariete.

-Tubería de presión: También llamada tubería forzada, se encarga de conducir el agua hasta la cámara de turbinas. Las tuberías de este tipo se construyen de diferentes materiales según la presión que han de soportar: palastro de acero, cemento-amianto y hormigón armado.

-Cámara de turbinas: Es la zona donde se instalan las turbinas y los alternadores. Además de las turbinas, existen otros dispositivos captadores: las ruedas hidráulicas. La turbina es una máquina compuesta esencialmente por un rodete con álabes o palas unidos a un eje central giratorio (velocidad de giro superior a 1000 rpm). Su misión es transformar la energía cinética del agua en energía cinética de rotación del eje. El alternador, cuyo eje es la prolongación del eje de la turbina, se encarga de transformar la energía cinética de rotación de éste en energía eléctrica.

Los elementos básicos de una turbina son:
-Canal de admisión: Conducto por donde penetra el agua.
-Distribuidor: Paredes perfiladas que permiten encauzar el agua hacia el elemento móvil.
-Rodete: Dispositivo portador de los álabes, perfilados para que absorban con la mayor eficacia posible la energía cinética del agua.

Según las características del salto de agua, se emplean tres tipos de turbinas:
Pelton, Francis, y Kaplan.
-Pelton: turbina de alta presión (es una rueda hidráulica que puede desarrollar velocidades de giro suficientemente altas, 1000 rpm). Dispone de un eje horizontal y su rodete lleva una serie de álabes cóncavos sobre los que las toberas proyectan un chorro de agua. Para aumentar la potencia basta

aumentar el número de chorros. Tiene una eficacia de hasta el 90%. Cada tobera lleva un deflector para regular la presión del agua sobre los álabes. En cada rodete es posible montar hasta 4 toberas. Puede utilizarse en saltos de altura superior a 200 m, pero requiere una altura mínima de 25 m.

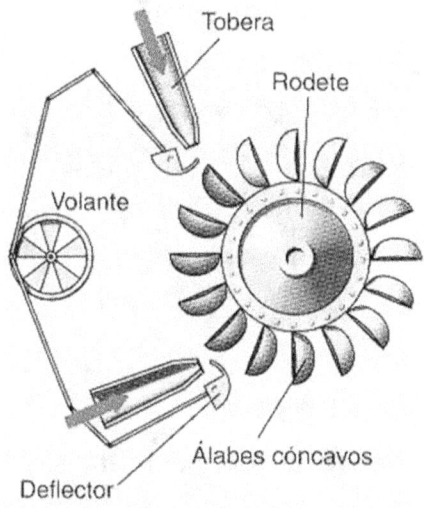

-Francis: Turbina de media presión. Dispone de un eje vertical y su rodete está constituido por paletas alabeteadas.

El agua es conducida hasta la periferia del rodete por un distribuidor y se evacua por un canal que sale a lo largo del eje.

Rendimiento 90%.

Este tipo de turbinas puede funcionar sumergido en el agua y se emplea en saltos de alturas comprendidas entre los 20 y 200 m.

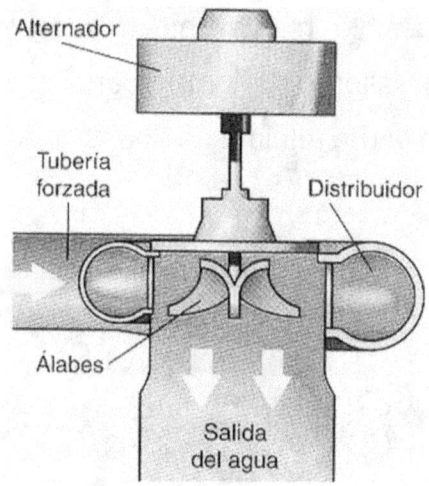

-Kaplan: Turbina de presión.

Es una variante de la turbina Francis y, como ésta, también dispone de un eje vertical.

Su rodete está formado por una hélice de palas orientables, (generalmente 4 o 5) lo que permite mejorar su rendimiento y disminuir el tamaño del alternador.

Tiene una eficiencia entre el 93% y el 95%.

Se emplea en saltos de altura inferior a 20m y puede llegar a trabajar eficazmente con saltos de sólo 5m.

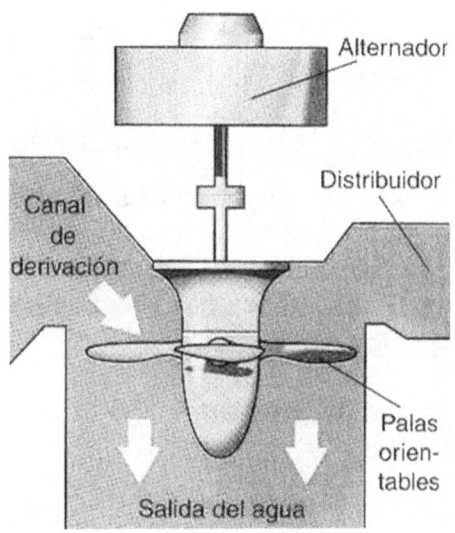

-TURBINA PELTON TURBINAS DE IMPULSIÓN, NO SUMERGIDAS TOTALMENTE EN AGUA.
-TURBINA FRANCIS Y KAPLAN TURBINAS DE REACCIÓN, TOTALMENTE SUMERGIDAS EN AGUA.

-Canal de desagüe: Se encarga de devolver el agua utilizada en las turbinas hasta el cauce del río. El agua sale a gran velocidad, por lo que se protege la salida y las paredes laterales con refuerzos de hormigón para evitar la erosión, que podría poner en peligro la propia presa.

-Parque de transformadores: Los alternadores actuales generan energía eléctrica a tensión inferior a 20 000 V. En estas condiciones se producirían pérdidas de tensión en el transporte a largas distancias, por lo que se hace necesario elevar la tensión a valores no inferiores a los 200 000 V.

Este aumento de tensión se lleva a cabo en el parque de transformadores.

Clasificación

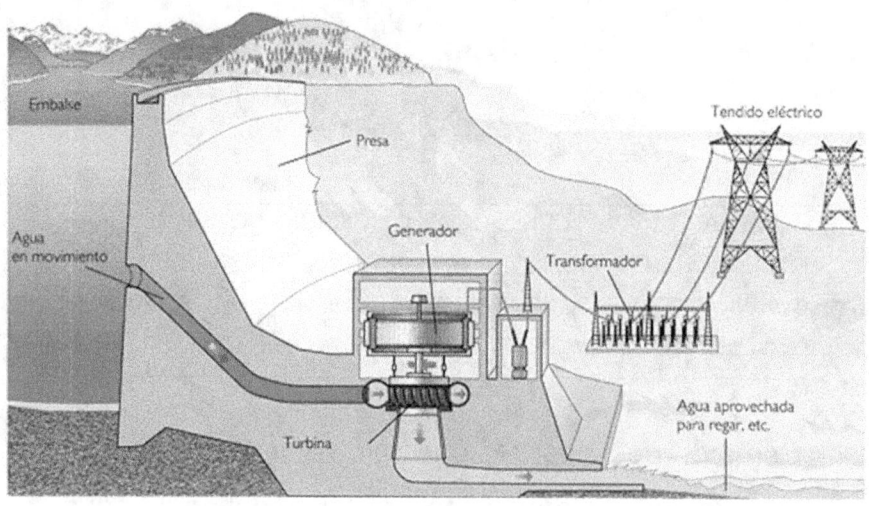

Según el caudal del río, las centrales hidroeléctricas se pueden clasificar en dos grandes grupos:
-Centrales de agua embalsada.
-Centrales de agua fluyente o derivación.

-Centrales de agua embalsada: Si el caudal del río es variable, se acumula el agua mediante un embalse de grandes dimensiones para conseguir una producción regular.

Las presas pueden ser de diferentes tipos
-De gravedad: su propio peso sirve para contrarrestar el empuje del agua.
Suele ser recta o cóncava.
Es el tipo más caro.
-De bóveda: la presión del agua se transmite a las laderas de la montaña.
Suele ser convexa, de modo que, cuanto más empuja el agua del embalse, más se clavan los lados de la presa en las laderas de la montaña.
Son presas más pequeñas, y baratas.

Presa de Gravedad

Presa de Bóveda

Dentro de este tipo de centrales, encontramos también las Centrales de bombeo, que son aquellas que disponen de dos embalses.

Durante las horas de máxima demanda de energía eléctrica funcionan como cualquier central.

Es decir, el agua del embalse superior pasa por las tuberías, desde la presa hasta la turbina, haciéndola girar y generando corriente que se envía a las líneas eléctricas.

Luego el agua pasa al embalse inferior.

Cuando la demanda de energía es baja, se aprovecha la energía eléctrica sobrante para bombear agua del embalse inferior al superior.

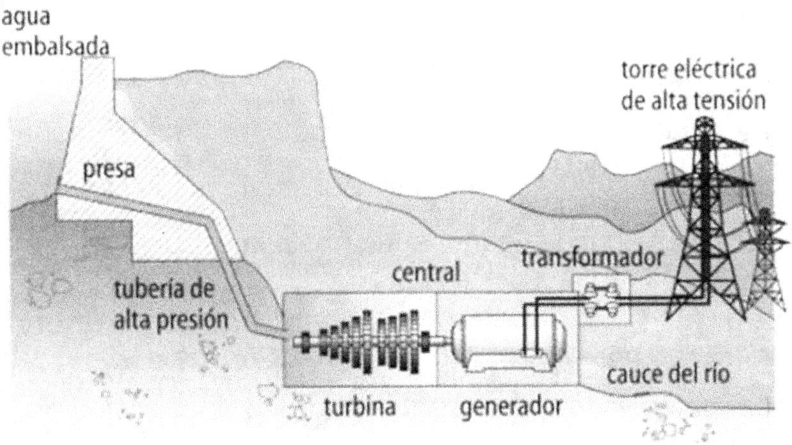

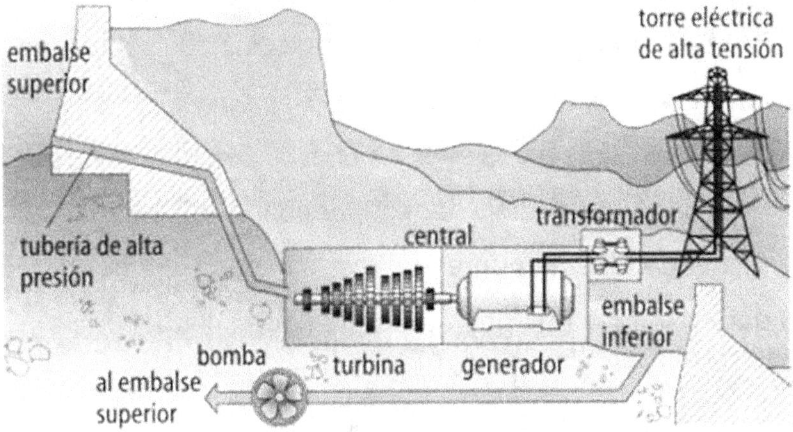

Central hidráulica de bombeo

Por ello, este tipo de centrales se combina con otra para obtener la energía de bombeo.

-Centrales de agua fluyente o derivación: Si el caudal es prácticamente constante en las diferentes estaciones, la energía potencial del agua se aprovecha directamente o con embalses de "pequeñas dimensiones".

Para ello, se construye un azud que lleva el agua hasta un depósito a partir del cual, mediante una tubería se hace llegar el agua hasta la central.

Potencia de una central hidroeléctrica

La potencia de una central hidroeléctrica depende, fundamentalmente, de dos parámetros: la altura del salto del agua y el caudal que incide sobre las turbinas.

$$P = 9,8 \cdot C \cdot h$$

El 9,8 es un factor de conversión para obtener el resultado directamente en Kw, en caso contrario lo obtendríamos en kgm/s (expresando el caudal en l/s).

P ⇒ Potencia de la central en kW

C ⇒ caudal del agua en m^3/s

h ⇒ altura en m (desde la superficie del embalse hasta el punto donde está la turbina).

No toda la potencia es aprovechable, pues existen pérdidas debidas al transporte del agua y al rendimiento de turbinas y alternadores, por lo que para corregir el error se introduce un coeficiente de rendimiento estimado, η

$$P_{útil} = \eta \cdot P$$

La energía generada:

$$E = P \cdot t = 9{,}8\, C \cdot h \cdot t$$

E ⇒ Energía en kWh

t ⇒ tiempo en horas

Ventajas e inconvenientes

Ventajas	Inconvenientes
El proceso de transformación de la energía hidráulica en eléctrica es «limpio», es decir, no produce residuos ni da lugar a la emisión de gases o partículas sólidas que pudieran contaminar la atmósfera.	Los embalses de agua anegan extensas zonas de terreno, por lo general muy fértiles y en ocasiones de gran valor ecológico, en los valles de los ríos. Incluso, en algunos casos, han inundado pequeños núcleos de población, cuyos habitantes han tenido que ser trasladados a otras zonas: esto significa un trastorno considerable a nivel humano.
Las presas que se construyen para embalsar el agua permiten regular el caudal del río, evitando de esta forma inundaciones en épocas de crecida y haciendo posible el riego de las tierras bajas en los períodos de escasez de lluvias.	Las presas retienen las arenas que arrastra la corriente y que son la causa, a lo largo del tiempo, de la formación de deltas en la desembocadura de los ríos. De esta forma se altera el equilibrio, en perjuicio de los seres vivos (animales y vegetales) existentes en la zona.
El agua embalsada puede servir para el abastecimiento a ciudades durante largos períodos de tiempo.	Al interrumpirse el curso natural del río, se producen graves alteraciones en la flora y en la fauna fluvial.
Los embalses suelen ser utilizados como zonas de recreo y esparcimiento, donde se pueden practicar una gran cantidad de deportes acuáticos: pesca, remo, vela, etc.	Si aguas arriba del río existen vertidos industriales o de alcantarillado, se pueden producir acumulaciones de materia orgánica en el embalse, lo que repercutirá negativamente en la salubridad de sus aguas.
	Una posible rotura de la presa de un embalse puede dar lugar a una verdadera catástrofe (ejemplo: presa de Tous, en la provincia de Valencia).
	Por último, reseñar la gran dependencia que experimenta la energía hidráulica respecto a las precipitaciones, pues en épocas de sequía es necesario reservar parte del agua embalsada para otros usos no energéticos.

Energía mareomotriz

Las mareas tienen su origen en la atracción del Sol y de la Luna.

Sobre las grandes masas de agua incide notablemente y hay zonas costeras donde la altura del agua varía incluso más de 10m por este efecto.

Esta es una de las condiciones necesarias para su aprovechamiento, el cual se basa en producir energía eléctrica por medio de centrales mareomotrices situadas en un estuario o entrada de mar hacia la tierra, donde hay una presa que permite retener el agua cuando la marea alcanza su nivel más alto. Cuando baja la mar y se alcanza cierta diferencia de altura, se abren las compuertas.

El paso del agua hace girar la turbina que acciona el alternador. Este efecto puede conseguirse en ambos sentidos.

Actualmente hay pocas centrales mareomotrices funcionando. Una de ellas es la de La Rance, en Francia.

Con respecto al medio ambiente, con el tiempo la instalación de la presa cambiaría el hábitat de la zona, por tratarse de una separación física.

Energías Renovables Ing. *Miguel D'Addario*

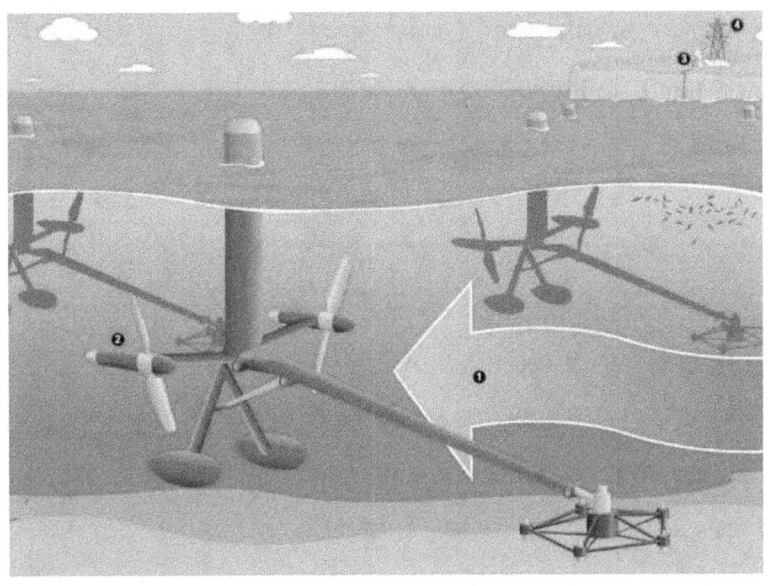

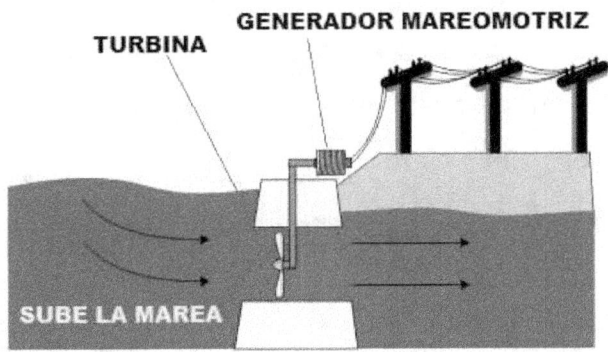

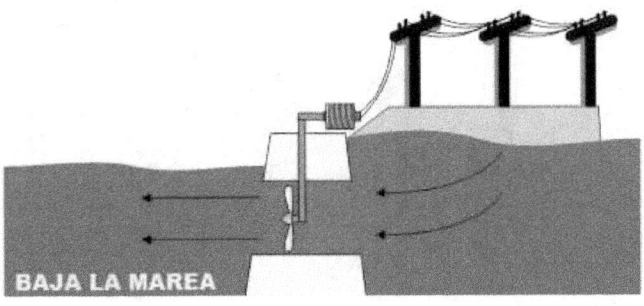

Energía de las olas - Undimotriz

El mar nos proporciona energía natural por medio de las olas. Su conversión en energía es difícil y costosa. Se han diseñado varios dispositivos con dicho fin, a base de flotadores, boyas, cilindros sumergibles, etc.

El aprovechamiento es difícil y complicado, y el rendimiento obtenido muy bajo. Además de eso, hay que añadir el impacto ecológico que sufriría la zona. Tales razones hacen que en la actualidad haya pocas instalaciones de este tipo; sin embargo, muchos países, entre ellos Gran Bretaña y Japón, cuentan con proyectos muy prometedores para su desarrollo. En España, el proyecto Olas trata de aprovechar esta energía en la costa atlántica con un prototipo de central de 1.000 kw.

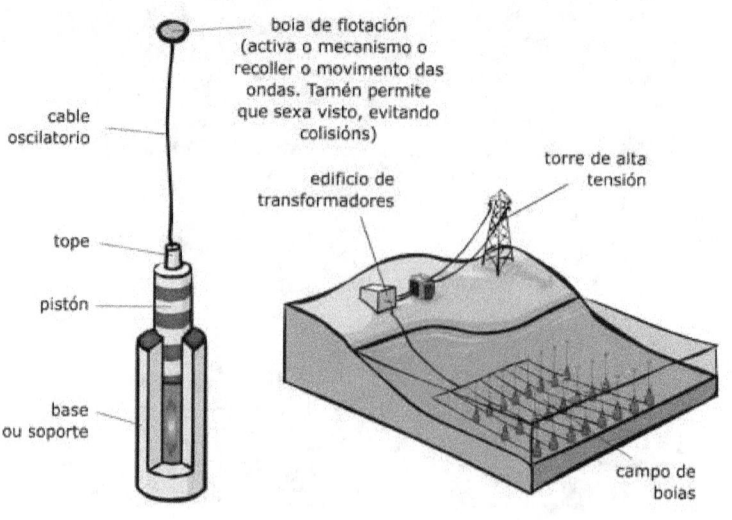

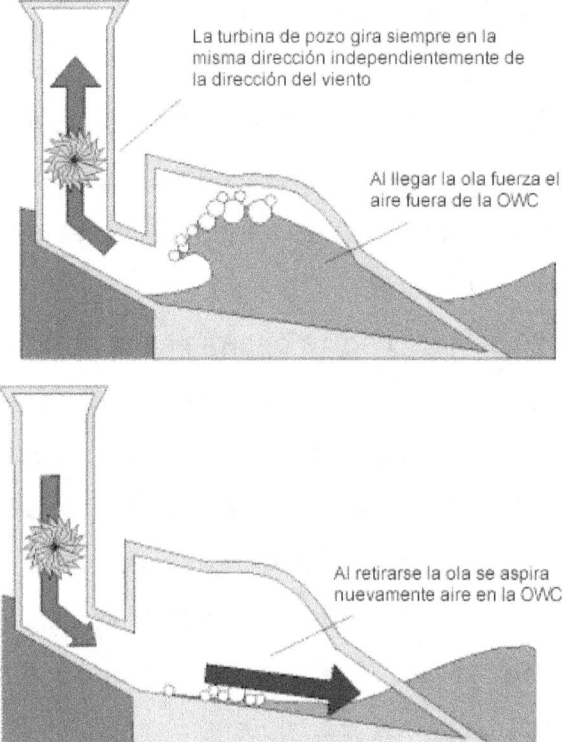

Diferencias entre energía mareomotriz y energía undimotriz

Ambas energías proceden del mar, pero, ¿Sabes de dónde viene la energía mareomotriz y la energía undimotriz?

Es muy sencillo saber de qué energía se trata y es que el nombre da muchas pistas, por ejemplo, mareomotriz, viene de las mareas y undimotriz, ya un poco más difícil, viene de las olas.

De forma breve y con la información básica que te tienes que quedar es que la energía mareomotriz como hemos dicho viene de las mareas, un movimiento que consiste en una elevación del nivel del mar y producido hasta dos veces al día por la atracción de la Luna.

El empleo de este tipo de energía es muy similar al de la energía hidroeléctrica (hablaremos de ella en un futuro). Una vez tengamos una presa situada en un estuario (la desembocadura del estuario está formada por un solo brazo ancho en forma de embudo ensanchado) con unas compuertas y turbinas hidráulicas instaladas le damos importancia a la altura que pueden alcanzar las mareas.

Es decir, cuando se va alcanzar la pleamar (sube la marea), las compuertas se abren haciendo girar las turbinas con el agua que accede al estuario para después acumular una carga de agua suficiente y poder así cerrar las compuertas evitando que el agua vuelva al mar.

Una vez que llega la bajamar (baja la marea), se deja salir el agua a través de las turbinas.

Estos movimientos de agua hacen girar las turbinas tanto en el proceso de entrada como de salida de agua y es lo que genera esa producción de energía eléctrica.

En la energía mareomotriz podemos encontrar tanto ventajas como inconvenientes.

Dentro de las ventajas se pueden decir que es una energía renovable y que es una energía muy regular, ya que siempre existe ese movimiento de la marea independientemente del año.

Sin embargo, los inconvenientes son más grandes como por ejemplo que tiene una producción de energía intermitente, se tiene que esperar a tempranas y tardías horas del día para producirla, el tamaño y coste de sus instalaciones, etc.

Por otro lado, tenemos la energía undimotriz, que no es más que la energía de las olas como bien he mencionado anteriormente y es que las olas de los océanos contienen una gran cantidad de energía derivada de los vientos, de modo que la superficie del océano puede verse como un inmerso colector de energía eólica.

Es uno de los tipos de energías renovables más estudiados actualmente y existen varios dispositivos como la balsa de Cockerell y el pato de Salter para convertir el movimiento de las olas en electricidad

El pato de Salter es un flotador en forma de pato (de ahí su nombre) donde la parte más estrecha se opone a las olas para poder así absorber lo mejor posible su movimiento.

Estos flotadores giran bajo la acción de las olas alrededor de un eje aportando un movimiento de rotación alrededor de su eje consiguiendo accionar una bomba de aceite, encargada de mover una turbina.

Por el contrario, la balsa de Cockerrel consiste en unas plataformas articuladas y dispuestas a recibir el impacto de las olas.

Estas balsas ascienden y descienden ayudándose de ese movimiento para impulsar un motor que mueve un generador por medio de un sistema hidráulico.

Ahora bien, también existen ventajas e inconvenientes, como ventaja encontramos que el impacto ambiental es prácticamente nulo, muchas de las instalaciones costeras pueden ser incorporadas a complejos portuarios o de otro tipo sin decir queda que es una fuente de energía renovable.

Como inconvenientes; la energía de las olas no puede predecirse con exactitud, ya que las olas dependen de las condiciones climatológicas, en las instalaciones situadas en alta mar es muy complejo transmitir la energía producida a tierra firme, etc.

Como ves, es fácil diferenciar los dos tipos de energías que se producen en el mar, aunque también podemos aprovechar la energía procedente de las corrientes marinas, la conversión de energía térmica oceánica e incluso la energía procedente del gradiente salino, algo menos usual pero que a día de hoy se estudia para sacar el mejor partido a los océanos e intentar que en un futuro se pueda autoabastecer ciudades enteras con estos tipos de energía renovable.

Océanos

Los océanos actúan como captadores y acumuladores de energía, que se intenta aprovechar para satisfacer nuestras necesidades energéticas.

Las formas de aprovechamiento son:
-Diferencia de altura de las mareas (Energía mareomotriz).
-Gradientes térmicos (Energía maremotérmica).
-Olas (Energía undimotriz).

Mareas

1. En la mayoría de los lugares hay dos mareas altas y dos mareas bajas por día (Al sur del mar de China sólo hay una marea al día; en Tahití las mareas no están relacionadas en absoluto con el movimiento de la Luna, sino que tiene lugar regularmente a mediodía y a medianoche "mareas solares").

2. Las mareas altas generalmente tienen lugar cuando la luna está en el horizonte.

3. Las mareas más altas son las de la luna llena y la luna nueva; las más bajas, a medio camino entre esos puntos.

Las mareas altas de luna llena y nueva se llaman mareas vivas, las más bajas en el primer y tercer cuartos se llaman mareas muertas.

4. El grado de las mareas (diferencia de altura) es generalmente de 1 a 3 metros, pero pueden ser mucho más altas (12m en Francia, 15m en Canadá) o más bajas (15 a 30cm en el Mediterráneo) en algunos lugares.

5. La explicación de las mareas solares, las mareas diarias del sur de China, o las mareas de 15m de la bahía de Fundy (Newfoundland) es debida a las irregularidades de los fondos oceánicos.

Las mareas dependen de:

- La atracción gravitatoria Tierra – Luna.
- Fuerza centrífuga.
- Atracción gravitatoria Sol -Tierra- Luna.
- Profundidad de los océanos.
- Irregularidades de los fondos oceánicos.

Centrales mareomotrices

Características. Funcionamiento

La potencia aprovechable de las mareas a escala mundial es del orden de 60 a 70 millones de kW anuales, que es el equivalente energético de 2000 millones de toneladas de carbón. La capacidad de producción real es muy limitada, pues para que sea rentable construir una central mareomotriz, es necesario que:

-La diferencia de altura de las mareas sea significativamente grande (mínimo 5m).

-La fisonomía de la costa permita la construcción de diques La construcción de una central mareomotriz requiere el cerramiento de un estuario o una bahía mediante un dique provisto de compuertas. En cada una de ellas se instala una turbina tipo bulbo (similares a las Kaplan) de baja presión y de palas orientables, conectada a un alternador.

Estos grupos son capaces de funcionar como generadores de electricidad y como bombas de impulsión del agua en ambos sentidos.

La secuencia de funcionamiento durante un ciclo pleamar – bajamar es la siguiente:

Al subir la marea, el agua penetra en el embalse y acciona los grupos turbina-alternador, con los que se obtiene energía eléctrica.

Al final de la pleamar, las turbinas actúan como bombas y provocan el sobrellenado del embalse.

Cuando baja la marea, el agua regresa de nuevo al mar, vuelve a accionar los grupos turbina alternador y de nuevo se obtiene energía eléctrica.

Al final de la bajamar, las turbinas actúan otra vez como bombas y provocan un sobre vaciado del embalse.

Los álabes de las turbinas, pueden variar su posición y dejar paso libre al agua en caso de necesidad.

La única central mareomotriz operativa en la actualidad es la del estuario de La Rance, en Francia, inaugurada en 1967. Otros proyectos abandonados por problemas técnicos son: Bahía de Fundy en Canadá, o Estuario del río Severn en Gran Bretaña.

Ventajas e inconvenientes

Ventajas	Desventajas
Fuente de energía renovable	Impacto visual
Disponibilidad todo el año	Depende de la diferencia de amplitud de las mareas
Apto para aquellas zonas en las que no llega el suministro de manera convencional	Impacto en los ecosistemas de la zona
	Alto coste de las instalaciones.

Energía maremotérmica

La absorción de energía solar por el mar, da lugar a que el agua de la superficie posea un nivel térmico superior al de las capas inferiores, pudiendo variar hasta 25°C desde la superficie (25 – 30°C) a 1000 m de profundidad (4°C), siendo esta diferencia de temperatura constante a lo largo del año.

Para aprovechar este gradiente térmico se emplean los motores térmicos, que funcionan entre dos focos de calor; el foco caliente a la temperatura del agua superficial (Tc) y el foco frío o punto a menos temperatura (Tf). La transformación de la energía térmica en eléctrica, se lleva a cabo por medio del ciclo de "Rankine" (ciclo termodinámico en el que se relaciona el consumo de calor con la producción de trabajo), en el que un líquido se evapora para pasar luego a una turbina. El ciclo puede ser abierto o cerrado.

-Abierto: Utilizan directamente el agua del mar. El agua de la superficie se evapora a baja presión y acciona las turbinas. Posteriormente se devuelve al mar donde se licúa de nuevo.

-Cerrado: Se utilizan fluidos de bajo punto de ebullición, como el amoniaco, el freón o el propano. El calor de las aguas superficiales es suficiente para evaporarlos.

El vapor generado se utiliza para mover las turbinas, y posteriormente es enfriado utilizando agua de las capas profundas, con lo que el ciclo vuelve a comenzar.

Los componentes principales de una planta maremotérmica, son:
-Evaporador
-Turbina
-Condensador
-Tuberías y bombas
-Estructura fija o flotante
-Sistema de anclaje

-Cable submarino (central flotante)

Problemas principales:

-Escasa diferencia de temperatura.

-Necesaria energía para bombear el agua de las profundidades.

-Problemas de corrosión.

Usos de una planta maremotérmica:

-Producción de energía eléctrica.

-Producción de agua potable en los sistemas de ciclo abierto.

-Generación de hidrógeno.

-Acuicultura, utilizando el agua de las profundidades, más rica en nutrientes, para desarrollar diferentes especies marinas.

Ventajas e inconvenientes

Ventajas	Desventajas
Fuente de energía renovable	Impacto visual
Disponibilidad todo el año	Depende de la diferencia de temperatura
	Impacto en los ecosistemas de la zona
	Alto coste de las instalaciones.

Energía de las olas (Undimotriz)

Las olas que se producen en la superficie del mar son provocadas por los vientos, de los que recogen y almacenan energía.

Al no ser éstos constantes ni en velocidad ni en dirección, las olas producidas no son regulares, por lo que es bastante complicado determinar y aprovechar la energía que transportan. Como aproximación, una ola de 3m de altura es capaz de suministrar entre 25 y 40 kW por metro de frente. El aprovechamiento es difícil y complicado, y el rendimiento obtenido es muy bajo, a lo que hay que añadir el impacto ambiental que sufriría la zona.

Los captadores de olas, todos aún en fase experimental, pueden ser de dos tipos:
-Activos: los elementos de la estructura se mueven como respuesta a la ola y se extrae la energía utilizando el movimiento relativo que se origina entre las partes fijas y móviles.
-Pasivos: La estructura se fija al fondo del mar o en la costa y se extrae la energía directamente del movimiento de las partículas de agua.

Se pueden aprovechar tres fenómenos básicos que se producen en las olas:
-Empuje de la ola.
-Variación de la altura de la superficie de la ola.

-Variación de la presión bajo la superficie de la ola.

Los absorbedores más rentables se caracterizan en tres grupos:

-Totalizadores: Situados perpendicularmente a la dirección de la ola incidente, es decir, paralelo al frente de ola para captar la energía de una sola vez (Rectificador Russel, Pato Salter, Balsa Cockerell).

-Atenuadores: Largas estructuras con su eje mayor colocado paralelo a la dirección de propagación de las olas, para absorber la energía de un modo progresivo (Buque Kaimei, Bolsa de Lancaster).

-Absorbedores puntuales: Captan la energía de la porción de ola incidente y la de un entorno más o menos amplio. Suelen ser cuerpos de revolución, por lo que no importa la dirección (Boya Masuda, Convertidor de Belfast). En España aún no se aprovecha este tipo de energía de forma comercial, solamente en Cantabria y el País Vasco existen dos centrales piloto, una en Santoña y otra en Mutriku (Guipúzcoa). También existe un proyecto para instalar una planta en Granadilla (Tenerife).

Se están realizando nuevas instalaciones en Galicia.

En la costa portuguesa, se inauguró parte de una planta en septiembre de 2008, pero se cerró en marzo de 2009 por problemas técnicos y financieros.

Ventajas e inconvenientes

Ventajas	Desventajas
Fuente de energía renovable	Impacto visual
Disponibilidad todo el año	Depende del oleaje
	Impacto en los ecosistemas de la zona
	Alto coste de las instalaciones.
	Problemas en épocas de temporal

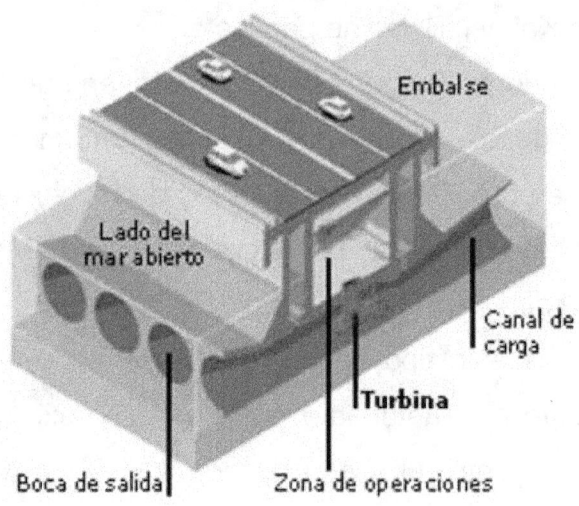

Energía nuclear

La energía nuclear se desprende de los núcleos de los átomos cuando se produce lo que se llama una reacción nuclear. El principio en el que se basa es "la equivalencia que existe entre masa y energía". Si se divide un núcleo atómico de masa M en dos, la suma de las masas de cada una de las mitades será menor que el núcleo inicial. Esto, que aparentemente es imposible, se debe al hecho de que parte de la masa del núcleo atómico se ha "transformado" y liberado en forma de energía, siguiendo el principio de Albert Einstein.

$$E = mc^2$$

Donde E = Energía producida o liberada en la reacción nuclear (en julios).
M = Masa del núcleo que se ha transformado en energía. (en kg).
C = Velocidad de la luz en m/s = $3 \cdot 10^8$ m/s.

El proceso empleado en las centrales nucleares es de fisión nuclear. Consiste en provocar la ruptura de un núcleo atómico pesado, normalmente ^{235}U (Uranio) y

^{239}Pu (Plutonio). La división del átomo la provoca un neutrón, que bombardea a alta velocidad el núcleo y lo divide en varios fragmentos, liberando, además de una gran cantidad de energía y rayos, (gamma), otros neutrones que bombardearán otros núcleos atómicos, provocando lo que se conoce como una reacción en cadena.

Para hacernos una idea, vemos cuanta energía generaría la fisión de un kg de uranio, según la fórmula de Einstein.

$$E = mc^2 = (1\ kg) \cdot (3 \cdot 10^8\ m/s)^2 = 9 \cdot 10^{16}\ J = 2'15 \cdot 10^{13}\ kcal$$

Un kg de fuel genera una energía de 11200 kcal, es decir, que 1 kg de uranio genera casi dos mil millones veces más energía que 1 kg de fuel.

Componentes de una central nuclear

El elemento más importante de una central nuclear es: el reactor nuclear. En él se da el siguiente fenómeno: Un flujo de neutrones a alta velocidad divide en varios fragmentos los núcleos atómicos, liberando la energía buscada. Además, se liberan a su vez más neutrones muy energéticos, los cuales dividen a otros núcleos, favoreciendo las reacciones nucleares en cadena, sin aparente control. Para controlar el proceso, se deben "frenar" los neutrones, haciéndolos chocar contra determinadas sustancias llamadas moderadores, siendo el más famoso el grafito. La masa mínima de combustible nuclear (^{235}U) para producir la reacción nuclear se llama masa crítica. Dentro del edificio del reactor se encuentra la "vasija" o núcleo, donde se introducen las barras del combustible nuclear en tubos de acero inoxidable, y en su interior se produce la reacción nuclear. La vasija es un gran depósito de acero, recubierto en su interior por plomo para absorber las radiaciones nucleares. Dentro del núcleo también se encuentra el material moderador (hidrógeno, deuterio o carbono, cuya misión es frenar la velocidad de los neutrones, pues a las velocidades que se liberan, unos 20000km/s es poco probable que otro átomo absorba este neutrón) y las barras de control, que controlarán el número de fisiones, pues absorben los neutrones (hechas de un material como el carburo de boro, que absorbe neutrones). Si las barras de control están introducidas totalmente en el núcleo, la absorción de neutrones es total y no hay reacción nuclear, a medida que se van extrayendo tales barras, aumentan las reacciones nucleares porque se absorben menos neutrones.

El reactor tiene a su vez un blindaje de hormigón de varios metros de espesor.

El núcleo del reactor está rodeado por agua, la cual se calentará y transformará en vapor para posteriormente, conducirlo a las turbinas que finalmente generan energía eléctrica de una forma similar a la central térmica.

Partes principales de un reactor

-Combustible: El más utilizado actualmente es el dióxido de uranio. Se comprime en forma de pastillas que se cargan en unos tubos estrechos que van montados unos al lado de otros en cilindros para formar varillas de combustible para el reactor.

-Moderador: Material que se utiliza para frenar el movimiento de los neutrones, pues se ha descubierto que es más probable que los neutrones de movimiento lento causen fisión y hagan funcionar el reactor. El más corriente es el grafito.

-Barras de regulación: Es necesario controlar el flujo de neutrones para trabajar en condiciones de seguridad.

Estas barras están hechas de un material que absorbe neutrones (acero al boro), con lo que se consigue disminuir la velocidad de reacción introduciendo las barras, y aumentarla cuando éstas se extraen.

-Refrigerante: El calor producido por las reacciones de fisión se elimina bombeando un refrigerante, como agua, entre los elementos combustibles calientes.

-Escudo contra radiaciones: Es necesario un escudo muy grueso de acero y cemento para evitar cualquier fuga de neutrones o de fragmentos radiactivos. Existen diversos tipos de reactores nucleares, entre los que están los de agua a presión (PWR) y los de agua en ebullición (BWR).

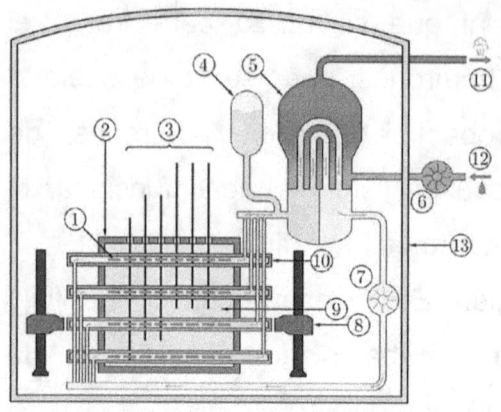

1 Barra de combustible
2 Calandria
3 Varillas de ajuste
4 Depósito de presión de agua pesada
5 Generador de vapor
6 Bomba de agua ligera
7 Bomba de agua pesada
8 Abastecimiento de combustible
9 Moderador de agua pesada
10 Tubo de presión
11 Vapor dirigido a turbina
12 Retorno de agua fría
13 Edificio de contención de hormigón armado

-PWR: Son reactores en los que el agua a presión circula por un circuito cerrado y transfiere el calor a otro circuito.

El vapor generado en este último circuito es el que acciona el grupo turbina – alternador.

Son los más extendidos.

-BWR: El vapor generado en el circuito de refrigeración es el que se emplea para accionar los grupos turbina – alternador.

En resumen

1. En el interior del reactor nuclear la energía nuclear se convierte en calorífica.

2. En las turbinas la energía calorífica extraída del reactor se transforma en mecánica.

3. En el generador (alternador) la energía mecánica se transforma en energía eléctrica.

NOTA: El vapor de agua se vuelve a aprovechar, enfriándolo en el condensador.

Ventajas e Inconvenientes

Ventajas

Es una fuente de energía enorme, que complementa a las que provienen de la energía hidráulica y térmica.
La contaminación atmosférica generada es prácticamente nula.

Desventajas

Se pierde mucha energía en los circuitos de refrigeración.
Las instalaciones son muy costosas, pues constan de complicados sistemas de seguridad.

Los residuos radiactivos que generan deben ser tratados y luego deben ser enterrados, pues emiten radiación durante miles de años.
Una central media puede generar unas 60 toneladas de residuos al año.

Las instalaciones son peligrosas y en caso de desmantelamiento, el coste es muy alto.

Energía nuclear y Medio Ambiente

La utilización de energía nuclear por fisión entraña una serie de riesgos que es importante conocer:

-Riesgo de explosiones nucleares en las centrales. Es bastante improbable.

-Fugas radiactivas: no son normales, pero han ocurrido.

-Exposiciones a radiaciones radiactivas.

-Residuos radiactivos: pueden ser gaseosos, líquidos o sólidos en función de su estado y de baja, media y alta radiactividad según su peligrosidad.

-Los residuos de baja y media radiactividad se mezclan con hormigón y se meten en bidones, que se almacenan, primero en depósitos de la central y luego en un emplazamiento subterráneo.

-Los residuos de alta radiactividad, se meten en piscinas de hormigón llenas de agua para reducir su peligrosidad y luego sufren un proceso similar al anterior.

-Impacto paisajístico.

-Descarga de agua caliente: alteración ecosistemas.

-Emisión del vapor de agua: modificación microclima del entorno.

-Funcionamiento de las turbinas: ruido.

Funcionamiento de una central nuclear

Nota: También podemos hablar del reactor reproductor rápido, con sus siglas en inglés FBR (Fast Breeder Reactor).

Este tipo de reactores, además de producir energía también producen más material fisionable que el que consumen, de ahí el nombre de reproductor.

Los reactores anteriores (BWR y PWR) utilizan U^{235} como combustible, en este caso, se utiliza U^{238}, que es el componente principal (en torno al 99%) del uranio que se encuentra en la naturaleza.

El U^{238} absorbe 1 neutrón y da como resulta Pu^{239}, que es un isótopo fisionable.

En este tipo de reactores se utiliza sodio líquido como refrigerante.

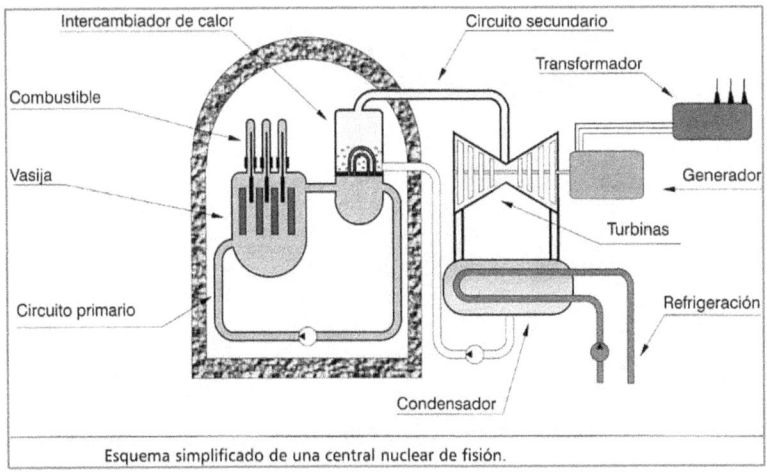

Esquema simplificado de una central nuclear de fisión.

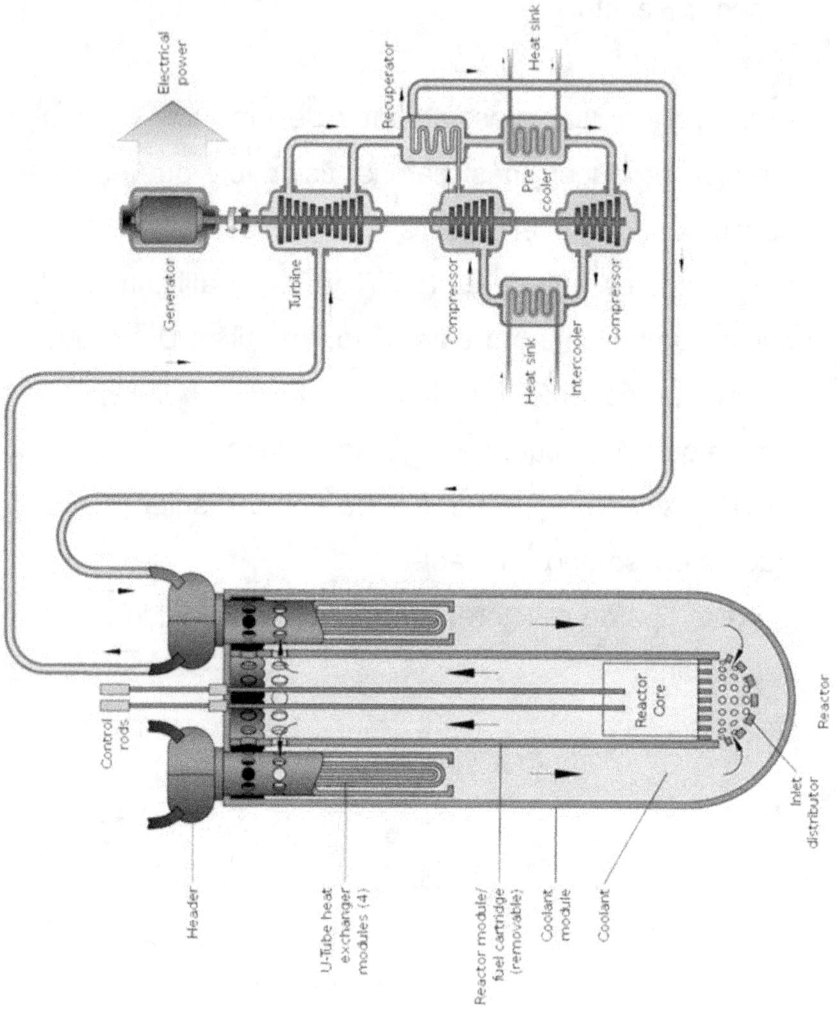
Electrical power
Generator
Turbine
Recuperator
Heat sink
Pre cooler
Compressor
Heat sink
Intercooler
Compressor
Control rods
Reactor Core
Reactor
Inlet distributor
Header
U-Tube heat exchanger modules (4)
Reactor module/ fuel cartridge (removable)
Coolant module
Coolant

Lluvia ácida

La lluvia ácida es producida fundamentalmente por la emisión de óxidos de nitrógeno (NOx) y anhídrido sulfuroso (SO_2). Estos gases y los compuestos ácidos formados a partir de los mismos pasan del aire a las nubes mediante la solubilización en el agua de las gotas que forman las nubes. Luego, mediante varios mecanismos como son las lluvias, las nevadas, las nieblas y las deposiciones secas, se produce la acidificación de aguas y suelos. El agua de lluvia limpia se puede considerar naturalmente ácida, dado que tiene un pH aproximado de 5,6. Esto es debido al dióxido de carbono (CO_2) de la atmósfera que es absorbido por las gotas de agua de las nubes formando una solución débilmente ácida de ácido carbónico.

Mientras tanto, la lluvia ácida tiene un pH entre 4,5 y 5,6, aunque se han observado pH Los principales compuestos que se encuentran en la lluvia ácida son:

-Ácido sulfúrico: generado principalmente por las emisiones antropogénicas de SO_2 y las naturales de gas sulfhídrico (H_2S).

-Ácido nítrico: generado por las emisiones antropogénicas de NOx.

-Ácido carbónico: generado a partir del CO_2 que en su mayoría es de origen natural, aunque parte procede de la combustión de combustibles fósiles.

-Ácidos orgánicos: principalmente son: el acético, originado en procesos petroquímicos; y el fórmico, que proviene de la descomposición de hidrocarburos complejos.

Cuantificación de las emisiones

Las emisiones antropogénicas globales de SO_2 y NOx son:

SO_2: 100 millones de toneladas por año.

NOx: 50 millones de toneladas por año.

Las cantidades de SO_2 y NOx emitidas están directamente relacionadas con la densidad de población por lo que dicho fenómeno tiende a incrementarse con el transcurso del tiempo. Un hecho que alerta a los países escandinavos sobre los efectos de la contaminación atmosférica sobre los seres vivos fue la merma y en algunos casos la desaparición de especies de peces en los lagos del sur de Escandinavia a partir de los años sesenta. Así fue que se detectó la acidificación de las aguas de dichos lagos y de las aguas subterráneas, las que millones de personas utilizan para beber y que cuentan con una elevada concentración de metales. También los daños sobre los bosques de Europa Central fueron importantes. Dentro de los contaminantes atmosféricos se destacan los oxidantes fotoquímicos, que son formados a partir de óxidos de nitrógeno, y los hidrocarburos volátiles bajo la influencia de la luz solar. El oxidante conocido más común es el ozono (O_3) troposférico, altamente perjudicial para las plantas. Como los oxidantes fotoquímicos no son ácidos es incorrecto hablar solo de la acidificación como la causa de los daños en bosques. Las causas de dichos daños son bastante complicadas ya que los contaminantes son arrastrados grandes distancias por la acción de los vientos, los cuales no respetan las fronteras entre los diferentes países.

Algunos países son netos «importadores» de contaminantes, mientras que otros, por el contrario, son netos «exportadores» de dichas sustancias.

De lo visto se desprende que la acidificación es un problema internacional.

La acidificación y sus causas

La contaminación atmosférica afecta el medio ambiente directa e indirectamente. Es así que cuando en la atmósfera se presentan altas concentraciones de óxidos nitrógeno o dióxido de azufre, los mismos afectan directamente tanto a los seres vivos como también a otro tipo de materiales. Puede suceder que los contaminantes antes mencionados reaccionen formando ácidos sulfúrico y nítrico, los cuales son arrastrados por los vientos antes de descender en lluvias y nevadas. Así es entonces que las aguas y los suelos se vuelven ácidos a grandes distancias de las fuentes de emisión de los contaminantes.

La magnitud de la acidificación depende de dos factores:

-De la magnitud que de dichos contaminantes desciende en las lluvias.

-De la resistencia que tanto el agua como el suelo ofrezcan a dicha acidificación.

Azufre como contaminante

Los óxidos de azufre y nitrógeno son las principales causas de la acidificación tanto del suelo como de las aguas. Los compuestos de azufre son responsables de dos tercios del total de la lluvia ácida y los compuestos de nitrógeno del resto. Pero parte de los compuestos de nitrógeno no producen acidificación si los mismos son absorbidos por las plantas. Por dicha razón la polución real producida por los compuestos sulfurados es mayor a los dos tercios antes mencionados. Dentro de dichos compuestos el SO_2 es el principal contaminante y se produce en la combustión de carbón y del petróleo crudo. La concentración de azufre en el crudo varía de acuerdo a la procedencia del mismo por lo que se pueden dar valores de décimas de uno por ciento a dos o tres por ciento en peso. En el carbón las concentraciones varían en un rango más amplio, mientras que en el gas natural los niveles son considerablemente menores. El mayor consumo de crudos aumentó vertiginosamente luego de la segunda guerra mundial en Europa pasando en 1970 a valores 15 veces mayores que en 1945. En el orden de 30 millones de toneladas son las emitidas en Europa anualmente. La mayoría de esta cantidad (80%) proviene de la combustión de crudo y carbón, mientras que el 20% restante proviene del resto de los procesos industriales. Dentro de Europa Occidental, el país con mayor emisión es Gran Bretaña sobrepasada únicamente por la Unión Soviética. El valor anterior lo podemos comparar con los 16 millones de toneladas de azufre emitido por EE.UU. y los 75 millones de toneladas que es el total emitido anualmente por todo el planeta debido a las diferentes actividades realizadas por el hombre. La atmósfera también recibe azufre proveniente de las erupciones volcánicas y de los mares y suelos. Con respecto a Europa y EE.UU. los niveles emitidos son 10 veces superiores a los considerados naturales.

Nitrógeno como contaminante

Los principales compuestos nitrogenados que contaminan la atmósfera son el monóxido de nitrógeno (NO) y el dióxido de nitrógeno (NO_2) que son agrupados con la denominación NOx. Dichos óxidos son formados durante toda clase de combustión, y a diferencia del azufre que proviene de los combustibles sólidos y líquidos, el nitrógeno proviene en su mayoría del aire necesario para que la misma se efectúe. En Escandinavia aproximadamente dos tercios del total de óxidos de nitrógeno que contaminan la atmósfera proviene de los coches de transporte. Anualmente en Europa se liberan a la atmósfera 20 millones de toneladas de dióxido de nitrógeno. Debido a que las emisiones de óxidos de azufre están siendo controladas para abatirlas, las emisiones de óxidos de nitrógeno se convierten cada día en más importantes como acidificantes del medio ambiente. También ciertos tipos de fertilizantes son fuente de compuestos nitrogenados contaminantes. Es así que son liberadas cantidades importantes de amoníaco el cual causa un aumento en el pH de las lluvias, pero dicho efecto se elimina cuando los iones amonio (NH_4+) en la lluvia son convertidos por microorganismos en los suelos o absorbidos por los árboles luego de su contacto con los suelos. Las grandes cantidades de contaminantes en base a nitrógeno provocan una sobre fertilización de los suelos. La mayoría de las plantas se adaptan a una deficiencia de nitrógeno, pero cuando se produce el fenómeno opuesto aparecen daños en la vegetación y se causan problemas secundarios como en la potabilidad de las aguas y los fenómenos de eutroficación de los cuerpos de agua. Además, la acidificación de los suelos producida por la reacción de nitratos provoca la liberación de sustancias peligrosas como el aluminio que ataca las raíces de los árboles y que al pasar a las aguas subterráneas llegan a los lagos depredando las colonias de peces.

Efecto de la acidificación sobre el medio ambiente
La acidificación de las aguas de los lagos está directamente relacionada con la acidificación de los suelos ya que el 90% de las aguas pasan previamente por los suelos y solo el 10% proviene directamente de lluvias y nieve. Las aguas de los lagos con problemas de acidificación son claras y de poca turbidez ya que las sustancias que constituyen el plancton precipitan sedimentando en el fondo. La desaparición de peces es debida a una combinación de la disminución del pH de las aguas y el envenenamiento provocado por el aluminio libre cuya concentración aumenta en medio ácido. Otro efecto, aunque secundario, muy importante, es el crecimiento de las colonias de insectos debido a la desaparición de las especies de peces que se alimentan precisamente de esos insectos. O sea que es un efecto biológico indirecto que pone de manifiesto algo contrario a lo que primariamente se cree que en lagos de aguas acidificadas no existe ninguna especie

viviente. Otro elemento nocivo para las especies vivientes es el mercurio, el cual aumenta su concentración en los peces produciendo efectos letales. La razón por la cual aumenta la concentración de dicho elemento en los seres vivos es que en medio ácido desaparece el alimento natural de dichas especies de peces lo que obliga a un cambio en la alimentación de los mismos, éstas tendrán que nutrirse de otras especies de peces (que ya tienen mercurio) agudizando así el fenómeno antes mencionado.

Acidificación de suelos

Varios procesos de acidificación tienen lugar en forma natural en los suelos. Uno de los más importantes es la absorción de nutrientes por las plantas a través de los iones positivos. A su vez las plantas compensan lo anterior liberando iones hidrógeno positivos. Por lo tanto, el crecimiento de las plantaciones es de por sí acidificante mientras que la muerte de la misma provoca el efecto contrario. Es decir que en un ecosistema donde el crecimiento y el envejecimiento son aproximadamente iguales no se produce una acidificación neta. Pero si el ciclo se rompe por cosechas, la acidificación dominará. En el caso de bosques de coníferas existe usualmente una acumulación de residuos de plantas no totalmente muertas las cuales provocan un efecto acidificante similar al descrito anteriormente. Pero el problema grave de acidificación de suelos ocurre cuando la acidificación proviene del exterior y no solo de los procesos naturales normales.

A su vez esa acidificación externa provoca los siguientes efectos biológicos
-Disminución de los valores de pH
-Incremento en los niveles de aluminio libre y otros metales tóxicos en las aguas que están en contacto con dichos suelos.
-Pérdida de los nutrientes de las plantas como el potasio, calcio y magnesio.
Se constató además que el efecto buffer de los suelos no poseen el poder suficiente como para neutralizar dicha acidez que en el caso del sur de Escandinavia llega a valores de 0,3 a 1 unidad de pH.
Es de remarcar también que estos valores de pH no solo se dan en las capas superiores, sino que los mismos se extienden hasta profundidades de 1 metro.

En este tipo de suelos desaparecen las bacterias y demás especies que tienen como función descomponer la materia animal o muerta pasando a desempeñar dicha función los hongos presentes. Pero, debido a que estos organismos realizan su función mucho más lento, gran parte de los nutrientes son perdidos agravando aún más la situación.

La acidificación tiene lugar más lentamente en los suelos que en las aguas debido al mayor efecto buffer de los primeros. Pero una vez que se inicia la pérdida de nutrientes en los suelos es mucho más difícil de detenerla.

Por lo tanto, aun cuando se reduzcan drásticamente las emisiones, el proceso presumiblemente continuará por un largo tiempo.

Efecto de la acidificación sobre los bosques

Los árboles dañados exhiben una serie de síntomas, pero es muy dificultoso establecer una conexión entre cada tipo de daño y las causas correspondientes.

El aire contaminado afecta directa e indirectamente los árboles. Los efectos directos consisten en daños sobre las hojas debido a que la capa de grasa protectora es corroída por el depósito seco de dióxido de azufre, la lluvia ácida o el ozono.

Además, las membranas constituyentes de la estructura interna del árbol son atacadas provocando la pérdida de nutrientes.

Los efectos indirectos están relacionados con la acidificación del suelo lo que produce una reducción de nutrientes y una liberación de sustancias perjudiciales para el árbol como lo es el aluminio.

La sensibilidad de las diferentes especies frente a los contaminantes atmosféricos varía de acuerdo con la superficie de las hojas y la caducidad de las mismas.

El daño sobre los abetos se traduce en un color marrón amarillento de sus hojas, pérdidas de las mismas y deterioro de sus raíces. Los pinos sufren también decoloración con estrechamiento de su extremo cónico superior por pérdida de sus hojas.

Incidencia de los deterioros sobre los bosques

La forestación en Escandinavia es importante para toda Europa Occidental dado que es la mayor fuente de materia prima en la industria de la madera. Cerca del 80% de su producción está destinada a la exportación.

Además, los bosques son el ambiente natural para varias especies de Insectos, pequeños animales, plantas y mamíferos de mayor tamaño.

Por último, no se debe olvidar la función que desempeñan en el mantenimiento de la economía del agua y en la regulación de los climas tanto locales como regionales.

Efectos sobre la fauna y la flora

Con respecto a las plantas, las especies que se ven más afectadas son los líquenes y los musgos que toman directamente el agua a través de sus hojas. Además, estas especies son indicadores directos de la contaminación atmosférica como es el caso de los líquenes respecto a las emisiones de SO_2.

También en el caso de los pájaros pequeños que viven cerca de aguas acidificadas se ve afectada su reproducción.

Los huevos de varias especies de pájaros aparecen con paredes muy delgadas debido al aluminio ingerido a través de los insectos de los cuales se alimentan. Dichos insectos precisamente se desarrollan en aguas acidificadas. Los animales herbívoros se ven afectados ya que, al acidificarse los suelos, las plantas que aquellos ingieren, acumulan una mayor cantidad de metales pesados (aluminio, cadmio, etc.).

Resumiendo lo anterior, se puede afirmar que la fauna también se verá afectada por los cambios en la composición y estructura de la vegetación.

Si, por ejemplo, los bosques son dañados, se producirán grandes cambios en las especies animales que integran el ecosistema forestal.

Efectos sobre las aguas subterráneas

Parte importante de las precipitaciones penetran a través del suelo y cuanto más permeable sea el mismo, más profundidad alcanza.

En áreas donde el suelo está densamente compactado, la casi totalidad del agua caída fluye hacia los lagos u otras corrientes.

El agua que ha percolado alcanza, por último, niveles donde el suelo está completamente saturado pasando a formar parte de las aguas subterráneas que son la principal fuente de suministro de agua.

Las aguas en los lagos son siempre más ácidas que las aguas subterráneas debido a la función de filtro que desempeña el suelo, removiendo así gran parte del ácido.

Si el suelo está constituido por material finamente granulado y el pozo de extracción es lo suficientemente profundo, el agua de lluvia ha sido neutralizada y al ser extraída no presenta problemas de acidificación.

La acidificación de las aguas subterráneas se realiza en tres etapas

Primero disminuye la capacidad de los suelos de neutralizar las precipitaciones. Aumentan los niveles de sulfato, calcio y potasio, en las aguas subterráneas, no existiendo ningún otro efecto que altere la calidad del agua.

En esta etapa el agua se torna corrosiva y ataca las tuberías.

Luego de esta etapa la acción neutralizante del suelo decae aún más y el efecto buffer de las aguas subterráneas comienza a disminuir. Se nota es esta etapa un aumento en el poder corrosivo sobre metales y concreto.

Por último, la capacidad neutralizante del suelo desaparece y los valores de pH descienden con un aumento en las concentraciones de metales en las aguas de los pozos, tornándose aún más corrosivos.

Efectos sobre la salud humana

No está del todo claro que las aguas subterráneas ácidas sean por sí mismas nocivas para la salud. Pero sí se conoce el efecto negativo de los metales como el aluminio y el cadmio que se liberan en la tercera etapa a pH inferiores a 5. Aunque se ha encontrado en algunos casos altos niveles de plomo, zinc y cadmio aun a pH superiores (entre 5,2 y 6,4).

Con respecto a los metales tenemos

-Cadmio: Es el más móvil de los metales pesados comunes y debido a las altas concentraciones presentes en los países industrializados, es necesario alertar sobre su presencia. El cadmio se acumula en la corteza renal causando graves lesiones. Las principales fuentes son los fertilizantes y las debidas a la acidificación de las aguas subterráneas.

-Cobre: Debido a que es el metal con el cual se construyen la mayoría de las cañerías, cuando las aguas se tornan corrosivas dicho elemento es disuelto. Uno de los efectos más comunes sobre la salud es la diarrea infantil.

-Aluminio: Es el más común en la corteza terrestre y si bien está unido a los minerales que constituyen la misma, la acidificación lo torna altamente soluble. El aluminio penetra en la corriente sanguínea en forma directa pasando las barreras de protección normales del ser humano y provocando graves daños al cerebro y al sistema óseo. Si la concentración es muy elevada puede causar demencia senil y muerte.

-Plomo: También se libera por acidificación de las aguas y en los países donde este elemento es utilizado para la construcción de las cañerías de agua la situación se puede tornar bastante peligrosa. Dicho elemento provoca daños considerables a nivel cerebral, sobre todo en los niños.

Corrosión provocada por la contaminación atmosférica

Dentro de los agentes corrosivos el dióxido de azufre es el principal, aunque también contribuyen los óxidos de nitrógeno y la lluvia ácida. En cuanto a los materiales que son atacados por dicho fenómeno, existe una gran variedad que va desde los metales conocidos pasando por el granito y concreto hasta los plásticos, textiles y papeles.

Otros materiales son atacados por acidificación de las aguas en los casos que aquellos formen parte de las cañerías de distribución de aguas o simplemente cañerías subterráneas ubicadas en suelos acidificados.

Medidas para mitigar dicho fenómeno

Con respecto a las medidas a tomar para evitar la acidificación de las aguas, la solución a largo plazo es la reducción de las emisiones.

Con respecto a las medidas a corto plazo tenemos la neutralización de lagos y demás corrientes de aguas, mediante el agregado de una base, lo que provoca un aumento de pH. La acción anterior causa la precipitación del aluminio y otros metales que luego sedimentan en el fondo y además está relacionado con la disminución en los niveles de mercurio en los peces.

Si bien la medida antes mencionada permite restituir las condiciones de vida de flora y fauna en esas aguas, aparecen problemas por la acumulación de metales tóxicos en los lechos de los cursos.

Con respecto a las aguas subterráneas la acidez se puede combatir colocando un filtro de carácter básico cerca del fondo del pozo para que actúe como neutralizante. Alternativamente el suelo cercano a la zona del pozo puede ser tratado con una sustancia básica.

Pero si solo se desea contrarrestar la corrosión, esto puede ser realizado mediante la sustitución del cobre por otro material menos susceptible en la construcción de las cañerías.

Este tipo de soluciones, como dijimos al principio, son efectivas para un corto período de tiempo y por lo general son caras, teniendo en cuenta que quien las paga no fue quien realmente causó el problema.

Para lograr el objetivo de limitar las emisiones se debe usar la tecnología más adecuada para la combustión, así como de limpieza de los gases desprendidos. La mayor parte del azufre emitido sobre Europa proviene de la combustión de carbón o combustibles líquidos en plantas de generación de energía. Existen métodos para limitar las emisiones antes, durante y después de la combustión. Una alternativa es el uso de combustibles con bajo contenido de azufre. En el caso de los óxidos de nitrógeno se pueden reducir mediante el cambio en los métodos de combustión, un ejemplo son los quemadores de baja producción de NOx los que requieren menor exceso de oxígeno, tiempos más cortos de combustión y menores temperaturas. Alternativamente se pueden purificar los humos mediante métodos catalíticos los cuales permiten la reacción de los óxidos de nitrógeno con amoníaco convirtiéndolos en nitrógeno gas y agua.

Debido a que un alto porcentaje de los óxidos de nitrógeno provienen de los vehículos de motor, las medidas a tomar son la reducción del tránsito carretero, establecimiento de límites de velocidad y la imposición de obligatoriedad en el uso de los convertidores catalíticos.

Con respecto a los gases de escape de los automotores veremos las diferentes formas de reducir los escapes de óxidos de nitrógeno, hidrocarburos y monóxido de carbono.

Lo primero que hay que tener presente es un diseño adecuado del motor que permita una combustión lo más completa posible. Con la recirculación de los gases de escape las emisiones de óxidos de nitrógeno pueden en parte reducirse.

La inyección controlada de fuel permite a su vez evitar la emisión de partículas que son producto de una combustión incompleta. Para reducir las emisiones de hidrocarburos los autos deben ser equipados con un catalizador para oxidación. El sistema más eficiente para la purificación de los gases de escape de los automotores es el convertidor catalítico el cual transforma más del 90% de los óxidos de nitrógeno, hidrocarburos y monóxido de carbono en nitrógeno, dióxido de carbono y agua.

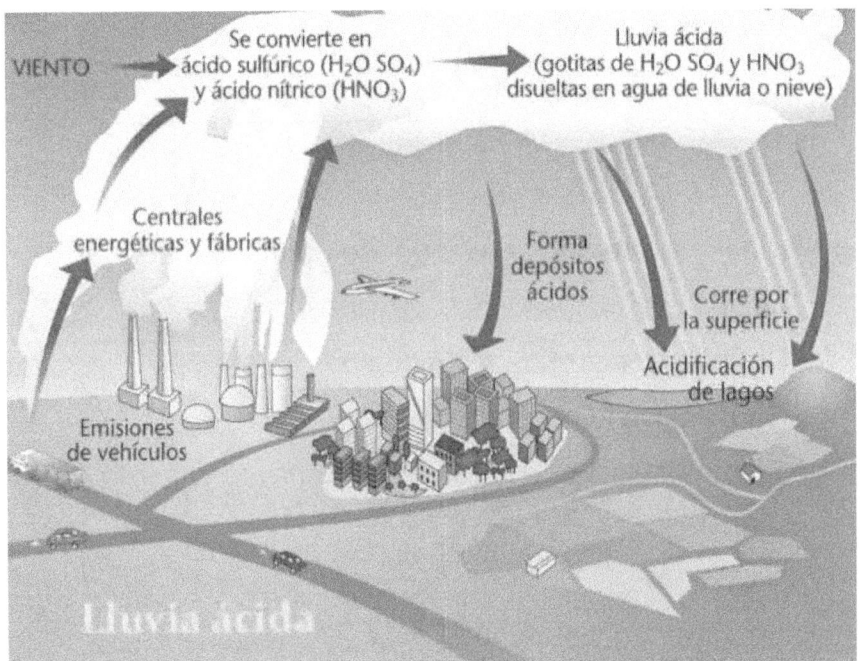

Ejercicio 8

Trabajo sobre lluvia ácida y efecto invernadero
- Debe contener entre 5 y 10 páginas.
- Causas que los originan.
- Explicación de cómo se producen.
- Efectos.
- Posibles soluciones.

Trabajo sobre algún vertido de petróleo que haya Tenido lugar en las últimas décadas
- Debe contener entre 4 y 8 páginas.
- Causas que lo originaron.
- Efectos sobre el ecosistema a corto, medio y largo plazo.

Energías Renovables Ing. *Miguel D'Addario*

Cuestionario

¿Qué son las energías renovables?

Nombra aquellas energías renovables que hemos visto en este libro.

¿Qué tienen todas en común?

¿Cuáles emplean como fuente de energía el Sol?

Escribe las fuentes de energía de:
a) Central hidroeléctrica:
b) Central solar:
c) Parque eólico:
d) Central geotérmica:
e) Biomasa:
f) Parque de células fotovoltaicas:

Las centrales hidroeléctricas aparte de producir electricidad se emplean para otros fines ¿Cuáles son?

¿Cuál es el impacto ambiental que producen las centrales hidroeléctricas?

¿Qué otros inconvenientes tienen las centrales hidroeléctricas?

Explica el funcionamiento de una central hidroeléctrica.

¿Qué es un aerogenerador?

¿Cuál es la función de un multiplicador en un aerogenerador?

Explica el funcionamiento básico de un aerogenerador.

¿En qué zona de Tenerife hay un parque eólico? Explica la razón por la cual tú crees que está instalado en esa zona.

¿Emplean vapor de agua los aerogeneradores? Explica con razonamientos tu respuesta.

¿Qué es una central solar?

¿Qué son los helióstatos? ¿Qué se hace con ellos?

¿Para qué se aprovecha el calor que aporta el sol en una central solar? Explica el proceso para obtener energía eléctrica.

¿Qué son las células fotovoltaicas?

¿Produce mucha energía eléctrica la célula fotovoltaica?

¿Por qué no necesitan los parques fotovoltaicos ni turbinas, ni generadores, ni calderas?

¿Qué ventajas comunes tienen las centrales eólicas, solares y fotovoltaicas?

¿Qué impacto ambiental tienen en común las centrales eólicas, las centrales solares y las instalaciones fotovoltaicas?

¿Qué inconvenientes tienen las centrales solares y las instalaciones fotovoltaicas?

¿Qué gran inconveniente tienen las centrales eólicas?

Energías Renovables Ing. *Miguel D'Addario*

¿Qué es la biomasa?

¿Cómo puede ser aprovechada la biomasa?

¿En qué consiste la energía geotérmica?

¿Qué impacto ambiental tiene la biomasa?

¿Qué gran inconveniente tiene la biomasa?

¿Explicar el funcionamiento de una central nuclear?

¿Qué es la lluvia ácida?

Glosario de términos

-ACS: Sigla de agua caliente sanitaria.

-Aerogenerador: Dispositivo mediante el cual se puede llevar a cabo la captación de la energía eólica para transformarla en alguna otra forma de energía. Unidad constituida por un generador eléctrico unido a un aeromotor que se mueve por impulso del viento.

-Ahorro de Energía: El ahorro de energía en el hogar se puede conseguir, tanto por el uso de equipos más eficientes energéticamente, como por la aplicación de prácticas más responsables con los equipos que la consumen.

-Balance energético: Aplicación de la ecuación de la conservación de la energía a un sistema determinado. Contabilidad de cantidades de energía intercambiadas por un sistema.

-Barril de petróleo: 159 litros de petróleo = 0,13878 tep = 5,81 x 109J.

-Biocarburante: Biocombustible empleado en motores y turbinas.

-Biocombustible: Combustible sólido, líquido o gaseoso obtenido a partir de la biomasa.

-Biodiesel: Se obtiene por la reacción entre un alcohol, metílico o etílico, con los ácidos grasos procedentes de la hidrólisis de los triglicéridos, de los aceites vegetales o de grasas animales y en presencia de un catalizador. Se usa en motores diésel como combustible único o mezclado con gasóleo.

-Bioetanol: Alcohol etílico deshidratado, que se produce por la fermentación de biomasa rica en hidratos de carbono. Usado en motores de combustión interna, como combustible único o mezclado con petróleo, o como amplificador del octanaje por su alto contenido de oxígeno.

-Biogás: Producto de la descomposición anaerobia de compuestos orgánicos por la acción de diversas bacterias. Es una mezcla de metano y CO_2.

-Biomasa: En su acepción más amplia, el término biomasa abarca toda la materia orgánica de origen vegetal o animal, incluidos los materiales procedentes de su transformación natural o artificial. Por tanto, la energía de la biomasa se puede obtener de multitud de materiales: cultivos que se transforman posteriormente en energía (cultivos energéticos), residuos de diferente tipo (forestales, agrícolas, ganaderos, lodos de depuración de aguas residuales, emisiones de gas de vertederos controlados o biogás, etc.), la transformación química o biológica de determinadas especies vegetales o de los aceites domésticos usados para convertirlos en biocombustibles (metanol y etanol) y emplearlos como sustitutos o complementos del gasóleo y de la gasolina, etc. No obstante, sea cual sea el tipo de biomasa, todos tienen en común el hecho de provenir, en última instancia, de la fotosíntesis vegetal. Un proceso que utiliza la energía del sol para formar sustancias orgánicas a partir del CO_2 y de otros compuestos simples.

-Bitérmicos: Variante de los electrodomésticos con consumo de agua caliente, que consiste en disponer de dos tomas de agua, una para el agua fría y otra para el agua caliente y una forma especial de funcionamiento. Al requerir agua caliente el aparato, puede conseguirla por la toma de agua caliente o bien calentándola con la resistencia eléctrica, o ambos. Lo interesante de estos electrodomésticos es considerar la posibilidad de que el agua caliente que consuman proceda de sistemas renovables, como la energía solar, por ejemplo. Sólo aplicable a lavadoras y lavavajillas.

-Bombas de calor: Es un equipo que permite refrigerar en verano y calentar en invierno, simplemente invirtiendo el ciclo de funcionamiento.

Se basa en el principio según el cual se puede transferir calor de un medio que está a menor temperatura a otro que está a temperatura superior, aportando para ello un trabajo mecánico que es el bombeo de calor.

La diferencia fundamental con un equipo de refrigeración es que, mediante la incorporación de una válvula inversora de flujo, se puede intercambiar la función del evaporado con la del condensador. Energéticamente es un sistema muy eficiente, pues la energía térmica producida es varias veces la potencia eléctrica absorbida.

-Celda de combustible: Dispositivo que convierte directamente la energía de un combustible en electricidad y calor sin que exista combustión, por lo que producen bajas emisiones y, al no existir partes móviles, resultan muy silenciosas.

-Célula: Recipiente que alberga los componentes necesarios para la realización de un proceso físico.

-Célula de biocombustible: Célula de combustible que emplea como fuente de hidrógeno un combustible líquido o gaseoso.

-Célula fotovoltaica: Dispositivo, normalmente a base de silicio, que permite la transformación de la radiación solar en electricidad.

-Central ciclo combinado: Con este nombre se conocen las centrales que utilizan gas natural como combustible y que para generar electricidad emplean la tradicional turbina de vapor y una turbina de gas que aprovecha la energía de los gases de escape de la combustión. Con ello se consiguen rendimientos termoeléctricos del orden del 55%, muy superiores al de las plantas convencionales.

-Central eléctrica: Instalación donde se efectúa la transformación de una fuente de energía primaria en energía eléctrica.

-Central electrosolar: Instalación donde se produce electricidad a partir de la radiación solar.

-Central eólica: Instalación en la que se produce electricidad a partir del viento.

-Central hidroeléctrica: Instalación donde se obtiene electricidad a partir de energía potencial o cinética del agua.

-Cogeneración: Producción simultánea de trabajo y calor.

-Combustibles fósiles: Sustancias combustibles procedentes de residuos vegetales o animales almacenados en periodos de tiempo muy grandes.

Son el petróleo, gas natural, carbón, esquistos bituminosos, pizarras y arenas asfálticas.

-Combustibles sólidos: Productos combustibles que se presentan en forma sólida. Fundamentalmente los carbones minerales (antracita, hulla, lignito negro, lignito pardo, coque, turba) y carbones "naturales" (de residuos vegetales), aglomerados, briquetas, pellets.

-Combustión: Reacción química del oxígeno (comburente) con una sustancia (combustible). La combustión es una reacción exotérmica.

-Consumo final de energía: Consumo energético en la fase final de un proceso.

-Desarrollo Sostenible: Aprovechamiento de los recursos que satisface las necesidades actuales protegiendo el medio ambiente sin poner en peligro la capacidad de las generaciones futuras de satisfacer las suyas.

-EER: Coeficiente de Eficiencia Energética de una máquina frigorífica movida por motores eléctricos, en régimen de refrigeración. Es igual a la relación entre la potencia frigorífica entregada por la máquina al fluido portador y la potencia útil absorbida. Es adimensional.

-Efecto Invernadero: El que producen unos materiales y sustancias que tienen distinto comportamiento transmisivo en función de la longitud de onda de la radiación. Dejan pasar una parte importante de la radiación de onda corta (solar, por ejemplo) y reflejan la radiación de onda larga que emiten los cuerpos a temperaturas próximas a la del ambiente.

-Eficiencia Energética: Conjunto de programas y estrategias para reducir la energía que emplean determinados dispositivos y sistemas sin que se vea afectada la calidad de los servicios suministrados.

-Energía: Propiedad de los cuerpos que se manifiesta por su capacidad de realizar un cambio (de posición o de cualquier otro tipo).

-Energía del mar: Tres tipos de fenómenos, todos ellos derivados en última instancia de la acción del sol y la luna sobre nuestro planeta, pueden ser aprovechados para obtener energía del mar: las mareas, las olas y las diferencias de temperatura (gradientes térmicos) de las masas de agua.

-Energía primaria: Fuente de energía natural existente en la Naturaleza, como el carbón, el petróleo, el gas natural, el sol, agua almacenada o en movimiento, las mareas, el viento, el uranio, calor almacenado en la tierra (geotermia), etc. Después de su transformación, la energía primaria produce energía intermedia (gasolina, carbón, electricidad, etc.).

-Energías renovables: Son aquellas que se producen de forma continua y son inagotables a escala humana. El sol está en el origen de todas ellas porque su calor provoca en la Tierra las diferencias de presión que dan origen a los vientos, fuente de la energía eólica. El sol ordena el ciclo del agua, causa la evaporación que provoca la formación de nubes y, por tanto, las lluvias.
También del sol procede la energía hidráulica. Las plantas se sirven del sol para realizar la fotosíntesis, vivir y crecer. Toda esa materia vegetal es la biomasa.

Por último, el sol se aprovecha directamente en las energías solares, tanto la térmica como la fotovoltaica.

-Eólica: La energía eólica es la energía producida por el viento. Como la mayor parte de las energías renovables, la eólica tiene su origen en el sol, ya que entre el 1 y el 2% de la energía proveniente del sol se convierte en viento, debido al movimiento del aire ocasionado por el desigual calentamiento de la superficie terrestre. Excluyendo las áreas con valor ambiental, esto supone un potencial de energía eólica de 53 TWh/año, cinco veces más que el actual consumo eléctrico en el mundo. Por tanto, en teoría, la energía eólica permitiría atender sobradamente las necesidades energéticas del mundo.

-Fluido refrigerante: Es el fluido que se encuentra en los sistemas de refrigeración, y que tiene por finalidad la de producir frío.

-Frigoría: Unidad de medida de absorción del calor, empleada en la técnica de la refrigeración; corresponde a la absorción de una kilocaloría.

-Geotérmica: A diferencia de la mayoría de las fuentes de energía renovables, la geotérmica no tiene su origen en la radiación solar sino en una serie de reacciones naturales (calor remanente originado en los primeros momentos de formación del planeta y desintegración de elementos radiactivos) que suceden en el interior de la tierra y que producen enormes cantidades de calor. Esta energía se puede poner de manifiesto de forma violenta a través de fenómenos como el vulcanismo o los terremotos, y en sus fases póstumas: géiseres, fumarolas y aguas termales, etc. El potencial geotérmico almacenado en los diez kilómetros exteriores de la corteza terrestre supera en 2000 veces a las reservas mundiales de carbón, aunque de esta enorme riqueza energética sólo se utiliza una parte mínima.

-Hidrocarburo: Compuesto químico cuyos elementos componentes son el hidrógeno y el carbono.

-Hidroeléctrica: Una central hidroeléctrica es aquella que utiliza energía hidráulica para la generación de energía eléctrica. Son el resultado actual de la evolución de los antiguos molinos que aprovechaban la corriente de los ríos para mover una rueda. En general, estas centrales aprovechan la energía potencial que posee la masa de agua de un cauce natural en virtud de un desnivel, también conocido como salto geodésico. El agua en su caída entre dos niveles del cauce se hace pasar por una turbina hidráulica la cual trasmite la energía a un alternador en cual la convierte en energía eléctrica.

-Impacto ambiental: Cambio, temporal o espacial, provocado en el medio ambiente por la actividad humana.

-kWh: Símbolo para el Kilo Vatio-hora, unidad de energía eléctrica en el Sistema Internacional de Unidades, equivalente a 3,6 millones de Julios y que expresa la energía que desarrolla un equipo generador, de 1 vatio de potencia durante una hora, o consume un equipo consumidor de la misma potencia durante el mismo tiempo.

-Intensidad energética: Relación entre la energía consumida y el Producto Interior Bruto. Mide la eficiencia energética global de un sistema económico, en sentido inverso. Normalmente se da en dólares USA o cualquier otra moneda.

-LED: Diodo emisor de luz, también conocido como LED (acrónimo del inglés de Light Emitting Diode), es un dispositivo semiconductor (diodo) que emite luz incoherente de espectro reducido cuando se polariza de forma directa la unión PN del mismo y circula por él una corriente eléctrica. Las lámparas con diodos LED permiten reducir el consumo eléctrico y duran más.

-Minicentral: Pequeña unidad hidroeléctrica, normalmente de potencia inferior a 10MW (en Europa).

-Minihidráulica: Las centrales hidroeléctricas aprovechan la energía de un curso de agua como consecuencia de la diferencia de nivel entre dos puntos.
Hay una gran variedad de instalaciones, pero se podrían clasificar en tres grupos: centrales de agua fluyente, de pie de presa y de canal de riego o abastecimiento.

Se consideran centrales minihidráulicas aquellas cuya potencia es igual o inferior a 10MW.

-MW: Símbolo para el megavatio. Unidad de potencia eléctrica que equivale a un millón de vatios.

-Pila de combustible: Dispositivo electroquímico que produce la conversión directa de energía química en energía eléctrica mediante un proceso físico inverso de la electrolisis. Las pilas de combustible están constituidas por un conjunto de celdas apiladas, cada una de ellas convierte directamente la energía de un combustible en electricidad y calor sin que exista combustión, por lo que producen bajas emisiones y, al no existir partes móviles, resultan muy silenciosas. A diferencia de lo que ocurre en una pila o batería convencional, no se agota con el tiempo de funcionamiento, sino que se prolonga mientras continúe el suministro de los reactivos.

-Potencia: Variación de la energía intercambiada con el tiempo. La unidad de potencia es el vatio (W).
1 W = 1 J/s.

-Purines: Efluente orgánico procedente de la ganadería intensiva de porcino. Es biodegradable y se emplea para obtener biogás.

-Radiación solar: Es la radiación electromagnética producida por el sol con una temperatura equivalente a 5777 K.

-Reserva: Cantidad conocida de un recurso explotable con las condiciones económicas y técnicas del momento.

-Sistemas energéticos híbridos o mixtos: Son aquellos en los que intervienen más de un tipo de fuente energética en la entrada del sistema.

-Solar fotovoltaica: Energía basada en el llamado efecto fotovoltaico que se produce al incidir la luz sobre materiales semiconductores. De esta forma se genera un flujo de electrones en el interior de esos materiales y una diferencia de potencial que puede ser aprovechada. La unidad base es la célula fotovoltaica. Las células se agrupan en paneles sobre una estructura que suele ser de metales ligeros como el aluminio. Los paneles permiten generar electricidad en emplazamientos aislados donde no llega la red eléctrica. Esa electricidad es acumulada en baterías. También se emplea para telecomunicaciones, señalizaciones, alarmas, etc. que, de este modo, no necesitan conectarse a la red. Pero hay otras aplicaciones conectadas a red que incluyen grandes centrales y pequeñas instalaciones. En ambos casos, la energía producida es vertida a la red eléctrica. La fotovoltaica es la base energética de los satélites artificiales y de pequeños instrumentos de uso cotidiano que funcionan gracias a la radiación solar, como relojes o calculadoras.

-Solar térmica: La energía del sol, al ser interceptada por una superficie absorbente, se degrada y aparece el efecto térmico. Se puede conseguir de dos maneras: sin mediación de elementos mecánicos, es decir, de forma pasiva; o con mediación de esos elementos, lo que sería de forma activa. La solar activa puede ser de baja, media y alta temperatura, según el índice de concentración. Los colectores solares térmicos de las viviendas utilizados para proporcionar agua caliente sanitaria son de baja temperatura. Suelen ser colectores planos vidriados y también se utilizan en el calentamiento de viviendas, en calefacciones o en usos industriales y agropecuarios. La solar de alta temperatura es la que se emplea en las centrales que concentran muchos rayos solares para alcanzar temperaturas por encima de los 700°C. Se utilizan para la producción de electricidad.

-Termia: Unidad de energía equivalente a mil kilocalorías.

-Toneladas equivalentes de petróleo (tep): Es la energía liberada por la combustión de una tonelada de petróleo, que, por definición de la Agencia Internacional de la Energía, equivale a 107 Kcal. La conversión de unidades habituales a tep se hace en base a los poderes caloríficos inferiores de cada uno de los combustibles considerados.

-W: Símbolo del Vatio. Es la unidad que expresa la potencia en el Sistema Internacional de Unidades y equivale -en el caso de la energía eléctrica- a 1 Ohmio multiplicado por Amperio al cuadrado.

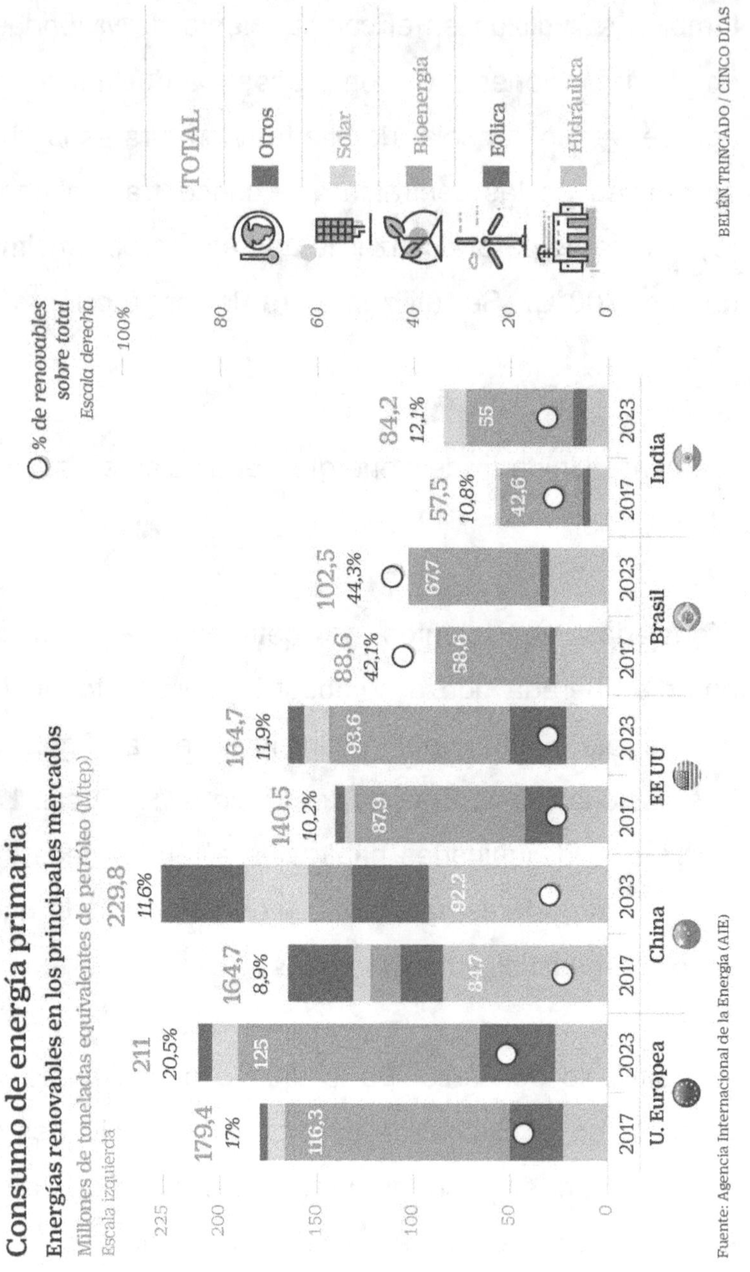

Energías Renovables Ing. *Miguel D'Addario*

Consumo de energía primaria
Energías renovables en los principales mercados
Millones de toneladas equivalentes de petróleo (Mtep)
Escala izquierda

○ % de renovables sobre total
Escala derecha

	U. Europea		China		EE UU		Brasil		India	
	2017	2023	2017	2023	2017	2023	2017	2023	2017	2023
Total	179,4	211	164,7	229,8	140,5	164,7	88,6	102,5	57,5	84,2
%	17%	20,5%	8,9%	11,6%	10,2%	11,9%	42,1%	44,3%	10,8%	12,1%
	116,3	125	84,7	92,2	87,9	93,6	58,6	67,7	42,6	55

TOTAL — Otros — Solar — Bioenergía — Eólica — Hidráulica

Fuente: Agencia Internacional de la Energía (AIE)

Bibliografía

A performance and innovation report. "The Energy Review".
Ackerman, T.; Stokes, M. "The atmospheric radiation measurement program". Physics today.
Alejaldre, C.; "El proyecto ITER".
Allen, M.; "Constraints on future changes in climate and the hydrologic cycle".
Allen, MR.; "Do-it-yourself climate prediction".
Almarza, C.; "El clima del pasado: una perspectiva paleoclimática". El cambio climático. Servicio de Estudios.
Arrhenius, S.; "On the influence of carbonic acid in the air upon the temperature of the ground".
B Balairón,L.; "El clima del pasado: una perspectiva paleoclimática".
Bard, E.; "Climate shock: Abrupt changes over millennial time scales".
Barnett, T.P.; Pierce, D.W. & Schnur, R. "Detection of anthropogenic climate change in the world's oceans".
Benito, A.; "Las pilas de combustible: nuevo mercado para el gas natural".
Branustein, H. y otros; "Biomass energy systems and the environment".
Boletín IDAE; Eficiencia Energética y Energías Renovables.
C Caro, R.; "Tecnologías energéticas e impacto ambiental".
Chappell, J.C.; "Sea level changes forced ice breakouts in the Last Glacial cycle: new results for coral terraces.
Constans, J.; "Marine sources of energy". Pergamon policy studies on energy and environment.

Crespo, A. Hernández, J. y Frandsen, S.; "A survey of modelling methods for wind-turbine wakes and wind farms". Wind Energy.

Creus Novau, J.; Fernández, A; Manrique, E.; "El clima del pasado: una perspectiva paleoclimática".

Crowly, T.J., Berner, R.A.; "CO_2 and climate change".

D'Addario Miguel, Ing.; "Energía Solar Fotovoltaica".

D'Addario Miguel, Ing.; "Energía Solar Térmica".

D'Addario Miguel, Ing.; "Energía Eólica".

D'Addario Miguel, Ing.; "Energía Hidráulica".

D Diaz Pineda F.; "El clima del pasado: una perspectiva paleoclimática". El cambio climático.

Dies, J.; "El proyecto ITER-Vandellós". Seguridad Nuclear.

DOE/GO-10095-099; "Hydrogen, the fuel of the future".

E Eloy Alvarez Pelegry; "Economía industrial del sector eléctrico".

Energy Working Group; "Sustainable and affordable energy for the future".

European Union; "Priorities for European Union Energy RTD".

F - G Feito, A.; "Aspectos de la generación eléctrica con biomasa".

Geyer, M.; "Desarrollos de Energía Solar Térmica".

Gill, A. E.; "Atmosphere-Ocean Dynamics".

Gómez Mendizábal R.; "Necesidades y recursos de biomasa".

Gómez-Mendizábal R.; "Cultivos energéticos: disponibilidad agraria".

Grassi, G.; "Bioenergy industrial perspectives".

Green Paper; "Towards a European strategy for energy supply security".

H Hafele, W.; "Energy in a finite world. Paths to a sustainable future. Energy in a finite world. A global system analysis".

Hartnett, J.; "Alternative energy sources".

Held, I.M. & Soden, B.J.; "Water vapor feedback and global warming".

Hernández Gonzálvez, C.; "La biomasa en el Plan de Fomento de las energías renovables en España".

IDEA; "Manuales de energías renovables. Minicentrales hidráulicas".

IDAE; "Jornadas sobre la biomasa en España. Oportunidades de negocio y posibilidades de mercado".

Iglesias, A.; "El clima del pasado: una perspectiva paleoclimática".

Instituto de la Energía de la Fundación Gómez Pardo; "Boletines de uso limpio del carbón".

Itoiz, C.; "Planta de biomasa de Sangüesa de combustión de paja con una potencia total neta de 25 MW".

K Kadiroglu, O.; Perlmutter, A.; Scott, L. "Nuclear Energy and alternatives".

Kasting, J.F.; "Runaway and moist greenhouse atmospheres and the evolution of Earth and Venus".

Kaufman, Y.; "A satellite view of aerosols in the climate system". Nature.

Kim, H., Patel, V., Lee, C.; "Numerical simulation of wind flow over hilly terrain".

Kump, L.; "Reducing uncertainty about carbon dioxide as a climate driver".

Kump, L.; "A weathering hypotehsis for glaciation at high atmospheric CO_2 in the Late Ordovician".

L Lambeck, K & Chappell, J.; "Sea level change through the last glacial cycle".

Lambeck, K.; "Links between climate and sea levels for the past three million years".

Landberg, L.; "Short term prediction of local wind conditions". Journal of wind engineering and industrial aerodynamics.

Loftness, R.L.; "Energy handbook".

M - N Manabe, S & Stouffer, R. J.; "Simulation of abrupt climate change induced by freshwater input to the North Atlantic Ocean".

Manabe, S. & Wetherald, R.T.; "On the distribution of climate change resulting from an increase in CO_2 content of the atmosphere".

Martin Vide, J., Barriendos M.; "El clima del pasado: una perspectiva paleoclimática". El cambio climático.

Menéndez Pérez, R.; "Proyectos de biomasa. Posibilidades de desarrollo en España".

Menéndez Pérez E.; "La biomasa como vector energético de empleo".

Naranjo R.; "Planta de generación eléctrica con biomasa".

Noguer M.; "El clima del pasado: una perspectiva paleoclimática". El cambio climático.

Oilgas.; "Enciclopedia nacional del petróleo, petroquímica y gas". Sede técnica.

Parrilla, G.; "El clima del pasado: una perspectiva paleoclimática". El cambio climático.

Petit, J.R.; "Climate and atmospheric history of the past 420,000 years from the Vostok ice core. Antartica".

Pierrehumbert, R.; "The hydrologic cycle in deep-time climate problems".

Pierrehumbert, R.T. & Erlick, C.; "On the scattering greenhouse effect of CO_2 ice clouds".

Proceedings, Fission European Seminar; "Nuclear in a changing world". U.E.

R - U Rahmstorf, S.; "Ocean circulation and climate during the past 120,000 years".

Ramos Carpio, M.A.; "Refino de petróleo, gas natural y petroquímica".

Rosales, I.; "Situación de la industria fotovoltaica en España".

S. Casacci, G. Caillot; "The development of high-power hydraulic turbomachines". La Houille Blance.

Schmidt; "Lessons learned from the introduction of biomass district heating in Austria".

Sorensen, B.; "Renewable Energy".

Stocker, T. F.; "The seesaw effects.

Tett, S.F.B., Mitchell, J.F.B., Parker, D.E. & Allen M.R.; "Human influence on the atmospheric vertical temperature structure: detection and observations".

Torres, T.; "El clima del pasado: una perspectiva paleoclimática".

Vázquez Abeledo, M.; "La historia del Sol y del cambio climático".

Viitala, J.; "Long term experience in fluidized bed combustion of biomass".

Yokoyama, Y.; Lambeck, K, De Decekler, P. Johnston, P & Fifields.

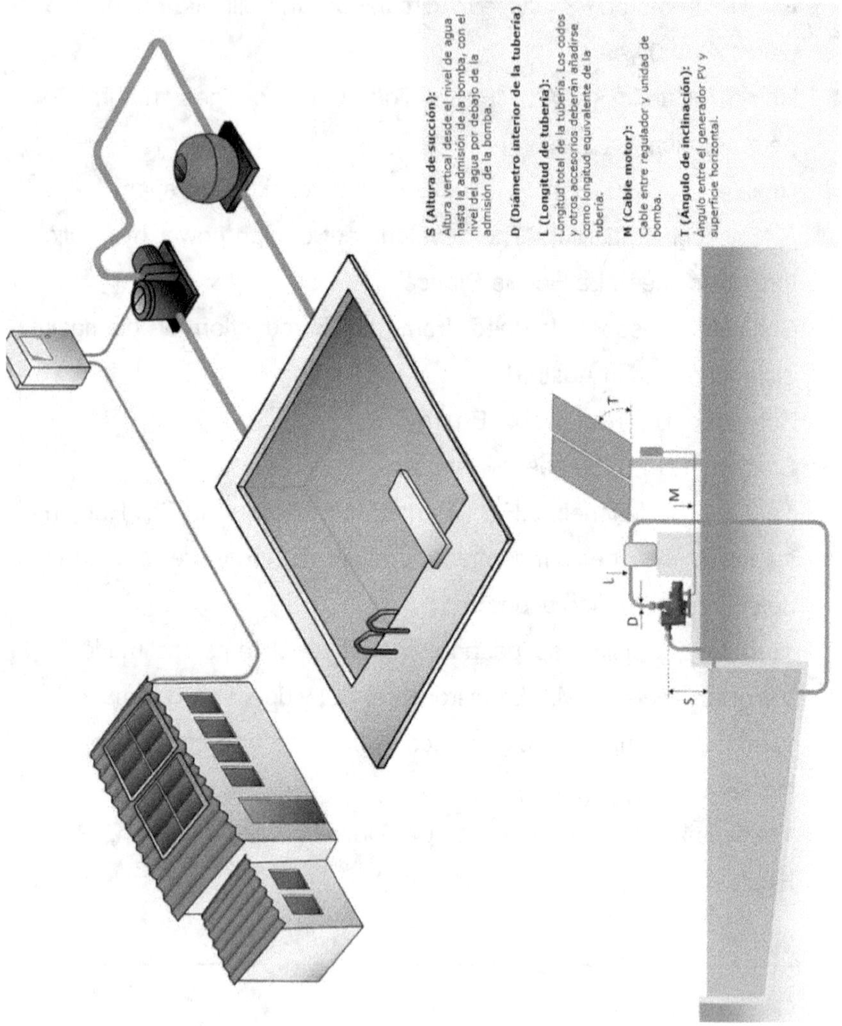

Energías Renovables Ing. *Miguel D'Addario*

S (Altura de succión):
Altura vertical desde el nivel de agua hasta la admisión de la bomba, con el nivel del agua por debajo de la admisión de la bomba.

D (Diámetro interior de la tubería)

L (Longitud de tubería):
Longitud total de la tubería. Los codos y otros accesorios deberán añadirse como longitud equivalente de la tubería.

M (Cable motor):
Cable entre regulador y unidad de bomba.

T (Ángulo de inclinación):
Ángulo entre el generador PV y superficie horizontal.

Energías Renovables Ing. *Miguel D'Addario*

Manual de
Energías
Renovables

Fundamentos, tipos, usos, infografías y ejercicios

"El futuro energético para un planeta saludable"

Ing. Miguel D'Addario

Primera edición

Comunidad Europea

2019

www.ingramcontent.com/pod-product-compliance
Lightning Source LLC
Chambersburg PA
CBHW072022230526
45466CB00019B/19